EUL VERLAG

Reihe: Marketing und Kooperationen · Band 5
Herausgegeben von Noshokaty, Döring & Thun, Berlin

Nicole Preininger

Markenkooperationen

Erfolgsfaktoren, Implementierung und Management

Mit einem Geleitwort von Simon Thun

EUL VERLAG

Bibliografische Information der Deutschen Nationalbibliothek

Die Deutsche Nationalbibliothek verzeichnet diese Publikation in der Deutschen Nationalbibliografie; detaillierte bibliografische Daten sind im Internet über <http://dnb.d-nb.de> abrufbar.

ISBN 978-3-89936-913-7
1. Auflage April 2010

JOSEF EUL VERLAG GmbH
Brandsberg 6
53797 Lohmar
Tel.: 0 22 05 / 90 10 6-6
Fax: 0 22 05 / 90 10 6-88
E-Mail: info@eul-verlag.de
http://www.eul-verlag.de

Bei der Herstellung unserer Bücher möchten wir die Umwelt schonen. Dieses Buch ist daher auf säurefreiem, 100% chlorfrei gebleichtem, alterungsbeständigem Papier nach DIN 6738 gedruckt.

GELEITWORT DES HERAUSGEBERS

Seit Jahrzehnten beschäftigen sich Wissenschaft und Praxis mit Fragestellungen rund um die Entwicklung und Gestaltung von Marken. Die Grundlagen der Markenführung sind weithin bekannt und unstrittig. Interessant sind daher vor allem die „kritischen Randbereiche": Jene Fälle und Situationen, in denen eine Marke Schwächen aufweist oder das eigene Potenzial vermutlich oder offensichtlich nicht voll ausschöpfen kann.

Markenkooperationen stellen einen möglichen Ansatz dar, Schwächen einer Marke durch Kombination mit einer anderen (starken) Marke auszugleichen bzw. umgekehrt das Potenzial einer starken Marke zur Stärkung anderer schwächerer Marken einzusetzen. Dabei sind die Gestaltungsmöglichkeiten in der Regel nicht eindimensional (stark vs. schwach z.B. im Hinblick auf die Bekanntheit der Marken), sondern beziehen sich auf eine Vielzahl unterschiedlicher Dimensionen von Bekanntheit über spezifische Imagefacetten und Zielgruppen bis hin zu Leistungsfeldern/-Kompetenzen der Marken.

In der Literatur findet eine Auseinandersetzung mit diesem Thema unter unterschiedlichen Aspekten statt: Mal liegt der Fokus auf Hintergründen und Wirkungsweisen von Markentranfers, mal geht es um die Bestimmungsansätze von Marken-Fits und in wieder anderen Veröffentlichungen werden die unterschiedlichen Ausgestaltungsformen von Markenkooperationen betrachtet.

Die vorliegende Arbeit nähert sich dem Thema von der praxisorientierten Fragestellung nach den konkreten Erfolgsfaktoren von Markenkooperationen. Sie bezieht dabei in die hypothesengeleitete und auf Interviews mit Kooperations-„Praktikern" basierte Diskussion sämtliche vorgenannten Aspekte ein und liefert zusätzlich einen Leitfaden für Umsetzung und Management von Markenkooperationen. Die besondere Stärke der Arbeit liegt in dem gelungenen Brückenschlag zwischen praxisorientierter Aufgabenstellung und Ergebnissen einerseits und der umfassenden Bezugnahme auf die relevanten Literaturbereiche andererseits. Mit Markenkooperationen betraute Leser erhalten somit neben Hilfestellungen für die tägliche Arbeit einen guten Überblick über das gesamte Thema und eine Art „Referenzwerk" für eine mögliche vertiefende (wissenschaftliche) Auseinandersetzung.

Berlin, April 2010 SimonThun

Noshokaty, Döring & Thun

VORWORT

Diese Arbeit lebt von Erfahrungen einer Auswahl von top Kooperationsmanagern aus den Bereichen Mobility, Hotellerie, Accessoires, Medien, Lebensmittel und Bankwesen in Deutschland. Die Ergebnisse von 13 Experteninterviews können zum einen die Theorie der Markenkooperation untermauern sowie zum anderen die praktische Anwendbarkeit neuer und existierender Erfolgsfaktoren für eine Markenkooperation aufzeigen.

In der Zeit der Erstellung, zwischen Oktober 2008 und März 2009, haben einige Menschen zum Gelingen dieser Arbeit beigetragen. Mein betreuender Dozent, Herr Prof. Dr. Bernd Scheed bereicherte mein Schaffen durch sein besonderes Engagement, durch kreative Impulse und konstruktive Kritik während des gesamten Entstehens. Zu den wichtigen Firmenkontakten verhalfen mir Martin Fischer und Anita Schuett, sowie Anke Brauns und Sandy-Marc Bauer (Porsche Deutschland GmbH/Porsche Design Group), meine Cousine Katrin Munzel (Audi AG) und Stefanie Leonardi (RTL2). Die Korrektur übernahm, ohne zu zögern, Melanie Alt. Ein Dank geht auch an die Kooperationsagentur Noshokaty Döring und Thun nach Berlin, die mir gestattete die Ergebnisse ihrer Studien zu zitieren. Von meinen Eltern Ernst und Roswitha Preininger erhielt ich während meiner gesamten Studienzeit und darüber hinaus uneingeschränkte Unterstützung. Für all diese scheinbar selbstverständliche Hilfe möchte ich herzlich Danke sagen und hoffe mit diesem Werk Kooperationstreibenden eine effektive Quelle und Motivation zu sein.

Quelle: http://www.welt.de/multimedia/archive/00155/rudern_DW_Wissensch_155890g.jpg

„Als Kooperationspartner sitzt man in einem Boot und jeder hat ein Ruder.

Doch wenn einer schneller rudert als der andere, dreht man sich im Kreis."

Jörg Englerth, Verkaufsdirektor Touristik, Best Western Hotels Deutschland GmbH.

INHALTSVERZEICHNIS

ABBILDUNGSVERZEICHNIS

A EINFÜHRUNG

1 MOTIVE, PROBLEMSTELLUNG UND ZIELSETZUNG DER ARBEIT

Das Markt- und Wettbewerbsgeschehen, in dem sich Unternehmen heute befinden, ist durch enorme Dynamik und zunehmende Komplexität gekennzeichnet.
Internationale, globale Märkte verändern sich mit hoher Geschwindigkeit. Sie erfordern eine hohe Antizipations- sowie schnelle Reaktionsfähigkeit von Unternehmen.
Komplexe Produkte und Prozesse werden durch immer individuellere Kundenbedürfnisse hervorgerufen, können aber allein oft nicht mehr entwickelt, produziert und vertrieben werden.
Wie kann die so entstehende Schere zwischen dem vom Markt nachgefragten und abgedeckten Leistungsspektrum der Unternehmen geschlossen werden? Markenkooperationen sind eine mögliche Alternative zur Bedienung der immer individueller werdenden Kundenbedürfnisse. Abbildung 1 stellt die eben beschriebene Problematik dar.

Abb. 1 Bedarf zur Kooperation im Zeitverlauf

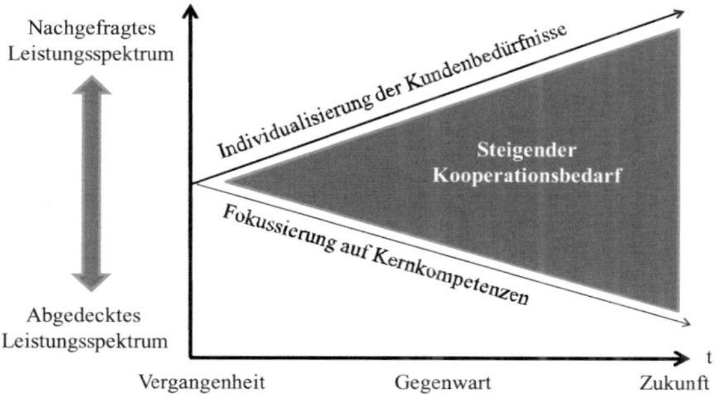

Quelle: Eigene Darstellung, in Anlehnung an MA & T Organisationsentwicklung GmbH, online im Internet: URL: http://www.kooperationswissen.de/ [Zugriff am 10.11.2008].

Aus heutiger Sicht ist festzustellen, dass synergetische Markenkooperationen nach wie vor einen zukunftsträchtigen Ansatz darstellen, um unter anderem Marketingkosten signifikant zu senken und der eigenen Marke eine einzigartige Facettierung zu verleihen, welche sie alleine in ihrer eigentlichen Form nicht erreichen würde. Inga Hofmann, die Kooperationsverantwortliche der Porsche Lizenz- und Handelsgesellschaft mbH & Co. KG beschreibt dies wie folgt:

„Die Bedeutung von Kooperationen wird dieses Jahr noch viel wichtiger und man wird vor allem auf regionale und lokale Partner setzen.[...] Wir können unseren Kundenstamm damit erweitern und gerade in 2009 ist das wichtig, da die wenigen Kunden, die Luxus kaufen, wirklich neue Sachen geboten bekommen müssen [...].“

Aus einer im Juli 2007 veröffentlichten Studie der Agentur Noshokaty Döring und Thun, einer Agentur für Marketing und Kooperationen mit Sitz in Berlin, geht hervor, dass die Bedeutung von Kooperationen auch nach Aussage von 108 deutschen Unternehmen stetig zunimmt. Die Erfolgsquote von bisher durchgeführten Kooperationsbestrebungen ist nach Einschätzung der befragten Unternehmen diverser Branchen mit 30% jedoch auffallend niedrig. Viele Kooperationsversuche scheitern der Studie zufolge an der fehlenden Definition des Nutzens für den Kunden, einer schlechten Vorbereitung auf das Projekt, fehlenden Ressourcen oder mangelnder Kontinuität der Projektbetreuung.[1]

Ausgehend von diesen Ergebnissen werden in der vorliegenden Arbeit, nach einer Einführung in die Thematik und der Vorstellung der Markenkooperationsformen, mögliche Erfolgsfaktoren für die Durchführung einer Markenkooperation in den Mittelpunkt gestellt. Viele Kooperationen scheitern schon bevor sie begonnen wurden. Ein Grund hierfür könnte die wenig strukturierte Herangehensweise vieler Unternehmen und das fehlende Commitment sein, also das nötige ausdauernde Engagement für die Zusammenarbeit während der Durchführung von Markenkooperationen. Darum wird ebenfalls ein Leitfaden zur Implementierung und zum Management von Markenkooperationen ausgearbeitet und von praktisch anwendbaren Checklisten begleitet.

2 METHODIK UND STRUKTUR

Diese Arbeit ist in fünf Kapitel (A – E) gegliedert, welche durch die Thematik der Markenkooperation in Deutschland führen. Ausgehend von Kapitel (A) wird zunächst das Motiv für das gewählte Thema und die Methodik sowie die angewandte Empirie vorgestellt.

Im nächsten Schritt (B) wird anschließend in die Thematik der Markenkooperation eingeführt. Grundlegende Definitionen eröffnen das Kapitel, gefolgt von Rahmenbedingungen und möglichen Zielen, welche eine Markenkooperation formen. Es folgen Faktoren, durch die sich die

[1] Vgl. Döring, J., et.al.: Marktorientiertes Wachstum durch Marketingkooperationen, Berlin 2007, online im Internet: URL: http://www.noshokaty-doering-thun.com/en/presse-clippings.php [Zugriff am 12.03.2009].

Ausprägungen der Markenkooperation differenzieren. Die Vorstellung elementarer praktizierter Formen der Markenkooperation schließt das Kapitel ab.

Kapitel (C) beschäftigt sich mit dem ersten Kernpunkt dieser Arbeit, den Erfolgsfaktoren von Markenkooperationen. Die Erfolgsfaktorenforschung bietet Zündstoff zur Thematik und stellt den Auftakt des Kapitels dar. Ausgehend von der Fähigkeit zur Kooperation als Rahmenbedingung für Markenkooperationen wird sich im Anschluss sowohl den Konzepten bereits erwiesener Erfolgsfaktoren, als auch der Erarbeitung von Hypothesen für neue, noch unbekannte Erfolgsfaktoren gewidmet.

Um eine strukturierte Herangehensweise an diese Form der Markenkapitalisierung aufzuzeigen, wird in Kapitel (D) in drei Phasen die Etablierung und Durchführung einer Markenkooperation thematisiert.

Kapitel (E) fasst die Kernpunkte der Arbeit zusammen und gibt einen Ausblick für die Zukunft der Markenkooperation in Deutschland.

3 ANGEWANDTE EMPIRIE

3.1 DIE INTERVIEWPARTNER

Durch qualitative Befragungen der Kooperationsverantwortlichen von insgesamt 13 ausgewählten Unternehmen aus den Themengebieten Mobility, Hotellerie, Accessoires, Medien, Lebensmittel und Bankwesen konnten tiefe Einblicke in die Praxis der Markenkooperation in Deutschland gewonnen werden. Die sogenannten Experteninterviews hatten einen zeitlichen Umfang von 45 Minuten und wurden zwischen Dezember 2008 und Februar 2009 durchgeführt. Alle Interviews inklusive Ansprechpartner und Firmenanschrift sind im Anhang III in Übersichtsform dargestellt.

Hinzu kamen Kundenbefragungen, welche an zwei Standorten durchgeführt wurden und Aufschluss darüber gaben, worin für den Kunden der höchste Nutzen der Markenkooperation liegt. Hier gewonnene Angaben flossen maßgeblich in die Erarbeitung der Erfolgsfaktoren ein. Außerdem wurde ermittelt, inwiefern das häufig erwähnte Ziel der Markenimageverbesserung durch Markenkooperationen vom Kunden bestätigt werden kann.

3.2 ANALYSE, VOR- UND NACHTEILE QUALITATIVER EXPERTENINTERVIEWS

Für diese Arbeit wurde die Technik der zusammenfassenden Analyse qualitativer Befragungen nach Mayring (2008)[2] verwendet: „*Ziel der Analyse ist es, das Material so zu reduzieren, dass die wesentlichen Inhalte erhalten bleiben, durch Abstraktion einen überschaubaren Corpus zu schaffen, der immer noch Abbild des Grundmaterials ist.*" Einzelne interpretationsbedürftige Textstellen werden besonders herausgestellt, indem zusätzliche Quellen und Informationen angeführt werden, welche die Textstelle erklären und verständlicher machen sollen.

Der Vorteil qualitativer Befragungen liegt darin, dass tiefere theoretische Einblicke in die Thematik ermöglicht werden. Interpretiert wird nicht nur die reine Information, sondern auch der Kontext der Befragung. Der Interviewer ist in der Lage die Situation besser zu verstehen und kann neben den verbal ausgedrückten Informationen auch den Verhaltens- und nonverbalen Kontext zur Analyse und Interpretation heranziehen.[3] Der Nachteil einer qualitativen Befragung liegt unter anderem darin, dass der Interviewer die Befragten durch die Art der Befragung beeinflusst und leitet, auch wenn dies unabsichtlich geschieht und somit Antworten nie rein objektiv sind.[4]

[2] Vgl. Mayring, P.: Qualitative Inhaltsanalyse, Grundlagen und Techniken 2008, S.58.
[3] Vgl. derselbe: a.a.O, S.77.
[4] Vgl. derselbe: a.a.O., S.116 f.

B GRUNDLAGEN UND RAHMENBEDINGUNGEN DER MARKENKOOPERATION

1 GRUNDLAGEN DER MARKENPOLITIK

Im folgenden Gliederungsabschnitt werden die Grundlagen von Markenkooperationen erarbeitet und in die Theorie der Markenpolitik eingebunden. Ausgehend von der Definition der Markenpolitik sowie ihrer Ziele, wird der Markenbegriff mit seinen Erscheinungsformen skizziert und im Anschluss der Terminus der Markenkooperation genauer betrachtet.

1.1 DEFINITION UND ZIELE DER MARKENPOLITIK

Die Abgrenzung der Markenpolitik und Einordnung in das Marketingkonzept stellt sich in der Literatur sehr unterschiedlich dar. Als Markenpolitik im engeren Sinne können *„sämtliche mit der Markierung von Produkten verbundene Maßnahmen und Entscheidungen verstanden werden"*, die unter anderem die Auswahl, rechtliche Absicherung und Abbildung der Marke auf einem Produkt und einer Verpackung beinhalten.[5] Im weiteren Sinne ist die Markenpolitik ein übergeordnetes, ganzheitliches Marketingkonzept, welches Aufbau, Gestaltung und Vertrieb von Markenartikeln zur Erreichung von Hersteller- oder Handelszielen umfasst.[6] Die Hersteller- und Handelsziele orientieren sich an der strategischen Unternehmensplanung und lassen sich wie in Abbildung 2 dargestellt in globale, ökonomische und verhaltenswissenschaftliche Ziele der Markenpolitik einteilen.[7]

Das Globalziel der Unternehmung besteht in der Sicherung des „Going Concern" und somit der Fortsetzung des Unternehmens und wird durch ökonomische Zielgrößen wie die Steigerung des Ab- und Umsatzes, sowie der Rentabilität und vor allem des Shareholder Values gestützt. Um die ökonomischen Zielgrößen zu erreichen, wird die Anwendung verhaltenswissenschaftlicher Erkenntnisse zur Beeinflussung der Konsumenten empfohlen. Die Orientierung an diesen Erkenntnissen fördert die Erreichung der verhaltenswissenschaftlichen

[5] Vgl. Bruhn, M., 1994, S.18; zitiert nach Huber, J.-A.: Co-Branding als Strategieoption der Markenpolitik, Wiesbaden 2005, S.16.
[6] Vgl. Bruhn, M., 2003, S.181, zitiert nach Huber, J.-A.: a.a.O., S.16.
[7] Vgl. Esch, F.-R., Wicke, A.: Herausforderungen und Aufgaben des Markenmanagements, Wiesbaden 2001, S.42 f.

Ziele, welche in der Schaffung hoher Markenbekanntheit und dem Aufbau eines einzigartigen Markenimages liegen.[8]

Abb. 2 Zielpyramide der Markenpolitik

Quelle: Eigene Darstellung, in Anlehnung an Esch, F.-R., Wicke, A., a.a.O., S.42.

Die Markenstrategie konzentriert sich durch den kombinierten Einsatz absatzpolitischer Instrumente auf die Erreichung des markenpolitischen Ziels der Markenwertsteigerung. Hierbei spielen die Art, Ausdehnung und Reichweite der Marke eine entscheidende Rolle, genauso, wie die Art der Positionierung der Marke und die Wahl zwischen Individual-Marke, Kollektiv-Marke beziehungsweise Markenkooperation. Zunächst soll sich der Thematik über den Begriff der Marke genähert werden, bevor anschließend der Begriff der Markenkooperation definiert wird.

1.2 BEGRIFF UND FUNKTION DER MARKE

Die Marke hat in den letzen Jahren einen enormen Bedeutungszuwachs erfahren und beeinflusst den Unternehmenswert maßgeblich. Marketingmanager bei Droge & Company bestätigten durch eine Delphi-Befragung, dass die Marke heute der stärkste Einflussfaktor auf den

[8] Vgl. Esch, F.-R., Wicke, A, 2001, S.43, zitiert nach Huber, J.-A.: a.a.O., S. 16.

Unternehmenswert ist.[9] (Interbrand veröffentlicht jährlich die 100 stärksten Marken in der Business Week.[10] Die besten zehn Marken sind im Anhang I in Abbildung 42 dargestellt.)

1.2.1 DEFINITION DER MARKE UND DER MARKENSTÄRKE

In der Literatur sind verschiedene Erklärungsansätze des Markenbegriffs vorhanden, von denen zwei sehr unterschiedliche vorgestellt werden. Zunächst wird sich der Thematik auf rechtlicher Basis durch das Markengesetz genähert, nach dem *„alle Zeichen, insbesondere Wörter, einschließlich Personennamen, Abbildungen, Buchstaben, Zahlen, Hörzeichen, dreidimensionale Gestaltungen einschließlich der Form einer Ware oder ihrer Verpackung sowie sonstiger Aufmachungen einschließlich Farben und Farbzusammenstellungen geschützt werden, die geeignet sind, Waren oder Dienstleistungen eines Unternehmens von denjenigen anderer Unternehmen zu unterscheiden."*[11] Es sind also auch klassische Produktdesigns wie die *Odol-* oder *Coca-Cola* Flaschen, Farbkombinationen zum Beispiel rot und gelb bei *Maggi,* Werbeslogans wie „Wir machen den Weg frei" der Volks- und Raiffaisenbanken, Hörzeichen wie die Melodie von *Telekom*, Geruchszeichen wie der von *Maggi*-Würze, oder Geschmackszeichen schützbar.[12] Nach diesem klassischen und merkmalsbezogenen Ansatz hat die Marke vor allem die Funktion der Identifikation und Differenzierung.

Dieser Ansatz stellt eine Dimension des Markenverständnisses dar und wird um einen wirkungsbezogenen, auf den Konsumenten ausgerichteten Ansatz ergänzt:

Die Markenstärke oder aber Markenkraft, Brand Strength oder Markenvitalität, stellt die zweite Komponente im Markenverständnis dar und wird an ihrer Wirkung auf den Organismus beziehungsweise die Psyche des Konsumenten gemessen. Sie beinhaltet Indikatoren wie:

- Den Bekanntheitsgrad der Marke
- Das Markenimage
- Das Vertrauen, dass der Marke von Kundenseite und Handelsseite entgegengebracht wird

[9] Vgl. Kricsfalussy, A., Semlitsch, B., 2000, S. 28, zitiert nach Esch, F.-R., et. al.: Corporate Brand Management, Wiesbaden 2006, S. 2.
[10] Vgl. Esch, et al.: Herausforderungen und Aufgaben des Markenmanagements, S.5f.
[11] Vgl. Schotthöfer, P.: Recht im Marketing, Düsseldorf 2005, S.84.
[12] Vgl. Schröder, H.: Neuere Entwicklungen des Markenschutzes , München 2001, S.313.

- Die wahrgenommene Produktqualität[13]

Die Markenbekanntheit bezieht sich auf die Vertrautheit des Konsumenten mit der Marke, während das Markenimage die Einzigartigkeit und Präferenz spezifischer Assoziationen und Bilder abbildet, welche mit einer Marke entstehen. Meffert et al. (2002)[14] verstehen das Markenimage *„[...] als ein in der Psyche des Konsumenten und sonstiger Bezugsgruppen der Marke fest verankertes, unverwechselbares Vorstellungsbild im Kopf des Konsumenten."* Das Markenvertrauen zeigt den Grad der Überzeugung von Konsumenten an und gibt Auskunft darüber, wie erfolgreich die Marke auch in anderen Produktbereichen sein könnte. Die wahrgenommene Qualität ist von der objektiven Produktqualität zu unterscheiden, denn sie gibt letztlich Auskunft darüber, wie erfolgreich der Imagetransfer auf die Partnermarken ist.[15]

Es ist im Anschluss an die allgemeine Definition der Marke und ihres begrifflichen Umfelds außerdem aufzuzeigen, dass zwischen Hersteller- und Handelsmarke zu unterscheiden ist. Handelsmarken werden bezeichnet als Marken, *„die sich im rechtlichen Eigentum einer Handelsunternehmung*" befinden.[16] Herstellermarken hingegen werden *„[...] auch als Fabrik oder Industriemarken bezeichnet, sind Waren oder Firmenkennzeichen, mit denen eine Herstellerunternehmung ihre Waren versieht."*[17] Für die Herstellermarke wird in der Literatur auch synonym der Begriff des Markenartikels verwendet, auf welchen sich in dieser Arbeit bezogen wird.

1.3 VOM MARKENTRANSFER ZUR MARKENKOOPERATION

Über den Begriff des Markentransfers wird der Begriff der Markenkooperation im Folgenden hergeleitet. Er stellt in gewisser Weise den Ausgangspunkt der Markenkooperation dar. Unter dem Begriff des Markentransfers, synonym auch „Brand Stretching" oder „Brand Extension" bezeichnet, wird eine Markenstrategie verstanden, bei der eine vorhandene Marke für eine neue Leistung genutzt wird. Die Marke wird in eine neue Produktkategorie gedehnt, um idealerweise einen Imagetransfer zu erreichen und den bereits vorhandenen Bekanntheitsgrad der Marke zu nutzen und die Stammmarke zu stärken.[18] Findet der Transfer in eine neue Produktkategorie statt, spricht man von Markentransfer oder auch "Brand-Extension" wie am Beispiel

[13] Vgl. Huber, H.: Markenwert und Extensionspotential, Wiesbaden 1997, S.131.
[14] Meffert et al.: Strategische Optionen der Markenführung, Wiesbaden 2002, S. 6.
[15] Vgl. Baumgarth, C.: Markenpolitik, Wiesbaden 2001, S.136.
[16] Vgl. Müller – Hagedorn, L.: Der Handel, Stuttgart 1998, S. 43.
[17] Ebda., S. 43.
[18] Vgl. Esch, F-R.: Strategie und Technik der Markenführung, München 2008,S-441.

der Bekleidungsmarke *Hugo Boss*, welche auf die neuen Produktkategorien Parfum, Schuhe und Sonnenbrillen ausgedehnt wird.[19] Bleibt die Dehnung innerhalb derselben Produktkategorie, spricht man von „Line-Extension".[20] Angewandt wird diese Form zum Beispiel von Biermarken wie *Becks*, die Ihre Produktsparte um light-, alkoholfreie oder Mix- Varianten ergänzen. „Brand-„ und „Line-Extensions" werden in Abbildung 3 gegenübergestellt.

Abb. 3 „Brand-Extension" und „Line-Extension"

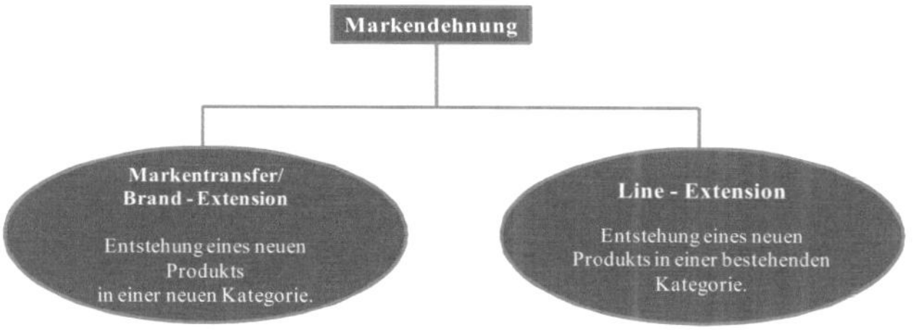

Gegenüber einer Neumarkeneinführung hat der Markentransfer den Vorteil durch die Bewirkung von Skalenerträgen im Bereich der Kommunikation kostengünstiger realisierbar zu sein. Der Aufbau eines Markenimages erfordert über einen längeren Zeitraum vergleichsweise hohe Aufwendungen. Außerdem ist der erforderliche „Lernaufwand" der Konsumenten geringer, da der bekannte Name als Gedächtnisanker dient und individuelle Assoziationen und Vertrauen zur Marke bereits aufgebaut wurden .[21] Diese Faktoren wirken beim Einkauf eines Erweiterungsprodukts risikoreduzierend. [22] Auf Herstellerseite verspricht man sich durch die erweiterte Produktsparte eine verbesserte Präsenz am Point of Sale.[23]

Der erfolgreiche Imagetransfer zwischen Stammmarke und neuem Produkt ist der Ausgangspunkt vom Markentransfer. Die Mindestaffinität zwischen den beiden Produkten, auch als Produkt-Fit zu bezeichnen, ist dabei zu gewissem Maß Voraussetzung und wird in Kapitel (C), im Zusammenhang mit den Erfolgsfaktoren für Markenkooperationen, genauer betrachtet.

[19] Vgl. Anhang I: Abbildungen, Abb.43.
[20] Vgl. Meffert, H., Bierwirth, A.: Corporate Branding – Führung der Unternehmensmarke im Spannungsfeld unterschiedlicher Zielgruppen, Wiesbaden 2005, S.199.
[21] Vgl. Meffert, H, 1994, S. 189 ff. zitiert nach Esch, F.-R.: Strategie und Technik der Markenführung, S. 391.
[22] Vgl. Cohen, J. B., Basu, K., 1987, S.470; Bearden, W. O., Shimp, T. A., 1982, S. 229 f., zitiert nach Esch, F.-R.: Strategie und Technik der Markenführung, S. 391.
[23] Vgl. Wölfer, U., 1994, S. 527 ff., zitiert nach Esch, F.-R.: Strategie und Technik der Markenführung, S. 391.

Für den Fall, dass die Bekanntheit der Stammmarke sehr gering ist und noch keine klaren Gedächtnisinhalte auf Kundenseite vorhanden sind, oder keine Ergänzungs-Effekte ersichtlich sind, ist jedoch die Neumarkeneinführung zu bevorzugen.[24]

Eine Alternative zur Einführung einer neuen Marke und eine andersartige Strategie zur Markenkapitalisierung stellt deshalb die Markenkooperation dar. Zur Entscheidung zwischen einer „Brand-„ beziehungsweise „Line-Extension“ oder der Markenkooperation, kann sich ein Unternehmen am Transferpotential der Markenimages seiner Marken orientieren. Das Transferpotential drückt aus, in welchem Rahmen sich eine Marke in andere Produktkategorien dehnen kann.

Eine Markenkooperation erfordert ein gewisses Transferpotential, sie findet jedoch gerade dann die sinnvollste Anwendung, wenn das Transferpotential der Marke nicht ausreicht, eine „Brand-„ oder „Line-Extension“ durchzuführen.

Da kaum eine Marke uneingeschränkt dehnbar ist, muss die sogenannte „Imageklammer“ untersucht werden. Sie setzt sich aus dem produkt-, beziehungsweise nutzengeprägten Markenimage zusammen, wodurch die Dehnbarkeit der Marke beeinflusst wird. Ruft ein Markenname unmittelbare Produktassoziationen hervor, wie dies beispielsweise bei *Tesa, Tempo*, oder *Nutella* der Fall ist, Marken die sich bereits zu Gattungsbezeichnungen entwickelt haben, ist die Imageklammer sehr eng gefasst.[25] Ein Transfer in eine entfernte Produktkategorie wäre in diesem Fall wenig erfolgreich. Je enger die Verbindung des Markennamens zu einer Produktkategorie ist, umso reduzierter gestaltet sich das Assoziationsfeld einer Marke und damit auch die Erfolgschance eines Markentransfers in entfernte Bereiche.

Demgegenüber steht die weiter gefasste, nutzengeprägte Imageklammer. Der Spielraum der Transfermöglichkeiten orientiert sich dabei an der umfassenderen Nutzungssituation des Produkts.[26] Die Marke *du darfst* wird beispielsweise in die Kategorie der kalorienarmen Lebensmittel eingeordnet. Innerhalb dieses Assoziationsraumes steht einem glaubhaften Transfer nichts im Wege. Darüber hinaus verfügen Marken, die beispielsweise mit emotionalen Werten oder Erlebnisdimensionen assoziiert werden, über sehr breit gefasste Imageklammern.[27] Der Beiersdorf AG gelingt es beispielsweise mit der Marke *Nivea* durch den Dachbegriff der

[24] Vgl Aaker, D. A.,1990, S.52; Sharp, B. M.,1993, S.13 zitiert nach ‚Esch, F.-R.: Strategie und Technik der Markenführung, S. 391.

[25] Vgl. Hätty, H: Der Markentransfer, Heidelberg 1989, S.208f.

[26] Vgl. derselbe: Der Markentransfer, S.221f.

[27] Vgl. derselbe: Der Markentransfer S.251.

Pflege, die Marke erfolgreich in unterschiedlichste Produktbereiche zu transferieren (Kosmetik-, Körper-, Männer- und Haarprodukte).[28]

Zusammengefasst sagt die Imageklammer aus wie weit die eigene Marke in andere Bereiche transferiert werden kann. Je abstrakter und weiter die Assoziationen mit einer Marke sind, umso flexibler ist das Extensionspotential. Dieses ist auch Indikator für die Auswahl des passenden Markenpartners, um ein glaubwürdiges Markengespann zu etablieren. Denn auch wenn Markenkooperationen gerade bei eher geringerem Transferpotential nützlich sein können, sollte hier dennoch darauf geachtet werden, dass die Verbindung zur ursprünglichen Produktverwendung und zum eigentlichen Markenimage bestehen bleibt.[29]

2 GRUNDLAGEN DER MARKENKOOPERATION

2.1 DEFINITION UND TERMINOLOGISCHE ABGRENZUNG

Von der zuletzt beschriebenen Taxonomie ausgehend bezieht sich der Begriff des Markentransfers auf die Übertragung des Images einer Marke auf ein Produkt einer neuen Produktkategorie. Der Begriff der Markenkooperation, der auch synonym mit den Begriffen Markenkombination[30], Markenallianz[31] und Markenpartnerschaft[32] belegt wird, basiert in seiner Funktionsweise in weitem Maße auf dem Prinzip des Markentransfers.

Das Wesen der Markenkooperation liegt in der Bündelung der Kraft mindestens zweier bestehender Marken, welche einen wechselseitigen Imagetransfer zum Ziel haben. Im weitesten Sinn handelt es sich nach Esch (2008) [33] bei einer Markenkooperation um den gemeinsamen Auftritt wenigstens zweier selbstständiger Marken. Sie kann sowohl zwischen zwei Herstellern, zwischen Hersteller und Handel, oder aber zwischen Unternehmen mit hierarchisch aufeinander folgenden Produktionsstufen verlaufen.[34]

Vilmar (2006)[35] und Thun (2007)[36] heben hervor, dass durch das Zusammenwirken mehrerer Marken vor allem auch einem dritten Personenkreis, im Allgemeinen dem Endverbraucher, ein eindeutiger zusätzlicher Nutzen entstehen muss, welcher von diesem Personenkreis auch

[28] Vgl. Beiersdorf AG, online im Internet: URL: http://www.nivea.de/products/intro [Zugriff am 30.10.2008].
[29] Vgl. Huber, H, a.a.O., S.132.
[30] Vgl. Sattler, H.: Markenpolitik, Stuttgart 2001., S.103.
[31] Vgl. Esch, F.-R.: Strategie und Technik der Markenführung, S.441.
[32] Vgl. Vilmar, A.: Markenkooperationen – Kooperationsmarketing, Bonn 2006, S.40.
[33] Vgl. Esch, F.-R.: Strategie und Technik der Markenführung, S.442.
[34] Vgl. Rumer, K.: Internationale Kooperationen und Joint Ventures, 1994, S.33.
[35] Vgl. Vilmar, A., a.a.O. S. 40.
[36] Vgl. Meyer, T., Schade, M.: Cross – Marketing – Allianzen die stark machen, Göttingen 2007, S.99.

wahrgenommen und erlebt werden kann. Unerheblich sei dabei, ob sich der zu erzielende Mehrwert aus der Markenkooperation materiell oder immateriell darstellt. Ist dies der Fall, würde eine dreifache Win-Win Situation erzielt, von der sowohl Markenpartner A, und B, sowie die Zielgruppe Z profitiert. Dies wird in Abbildung 4 verbildlicht dargestellt.

Abb. 4 Dreifache Win-Win Situation

Quelle: Eigene Darstellung in Anlehnung an Vilmar, A., a.a.O., S 40.

Zusammenfassend ergibt sich folgende Definition einer Markenkooperation:

Eine Markenkooperation ist der kurz- oder langfristige gemeinsame Auftritt von mindestens zwei selbstständigen Marken eines oder mehrerer Unternehmen.
Diese können sowohl eine Hersteller- als auch eine Handelsmarke sein.
Durch das Zusammenwirken muss neben den Markenpartnern auch dem Endverbraucher ein klarer Zusatznutzen entstehen.

2.2 CHANCEN UND ZIELE DER MARKENKOOPERATION

Während Kooperationen grundsätzlich auf der Basis verschiedener Funktionsbereiche wie der Forschung und Entwicklung, des Vertriebs oder des Marketings beruhen, bewegt sich die Strategie der Markenkooperation ausschließlich im Bereich des Marketings. In der Fachliteratur werden dabei hauptsächlich die Bereiche Kommunikation und Produkt beleuchtet, während die Felder Distribution und Preis weniger Beachtung finden.[37] Diese Schwerpunktverteilung zeichnet auch die vorliegende Arbeit aus.

Das Grundprinzip von Kooperationen besteht darin, dass die gemeinsame Leistungsfähigkeit größer ist, als die Summe der Einzelleistungen. Die Kompetenzen und wirtschaftlichen Beziehungen der Unternehmen sollten sich komplementär ergänzen, um für alle Kooperations-

[37] Vgl. Keldermann, S. Co-Branding – Eine strategische Antwort für Markenartikelhersteller im vertikalen Wettbewerb der Konsumgüterbranche, Hamburg 2004, S. 30.

partner eine bessere Wettbewerbspositionierung zu erreichen. [38] Nach dem Vorbild der Arbeitsteilung macht bei einer solchen Zusammenarbeit jeder Partner *„genau das, was er am besten kann"*.[39] Im Idealfall ergänzen sich die Kompetenzen der einzelnen Leistungsersteller derart, dass es für jede Phase einen eigenen Spezialisten gibt.[40]

Marketingkooperationen sind nach Esch und Redler (2005)[41] in zwei Richtungen umsetzbar. Zum einen in bereits bestehenden Märkten als strategischer „Endorser": Durch eine Markenallianz ergibt sich in Märkten, in denen die Partnermarke bereits aktiv ist, die Chance die Bekanntheit und das Image der Partnermarke für die eigene Marke zu nutzen und damit eine gegenseitige Imagestärkung zu bewirken. Eine kostspielige Neuprodukteinführung kann beispielsweise mit einem Markenpartner gemeinsam günstiger bewerkstelligt werden und gleichzeitig das Image und die Bekanntheit der Partnermarke übernehmen. Sind beide Marken bereits bekannt und mit einem positiven Image versehen, kann sich die Imagestärkung in beide Richtungen vollziehen.

In potentiellen neuen Märkten kann die Markenkooperation als strategischer „Enabler" dienen: Darin ist zum Beispiel der Zugang zu neuen Kundenpotentialen zu verstehen. Dies können regionale Märkte sein, die sich der Markeninhaber ohne Kooperationspartner nur unter sehr hohem Kostenaufwand erschließen könnte.

Eine Markenkooperation erleichtert in vielen Fällen diesen Markteintritt. Außerdem besteht die Möglichkeit in neue Kompetenzfelder Einblick zu nehmen.

Markenkooperationen können außerdem dazu dienen, den Zugang zu strategisch wichtigen Absatzwegen und Distributionsnetzwerken zu erleichtern und bedeutende Absatzmittler zu Partnern zu machen.

Abbildung 5 zeigt die in der qualitativen Befragung genannten Ziele von Markenkooperationen, wobei der Imagegewinn am häufigsten als Zielkriterium erwähnt wurde. Abbildung 6 fasst mögliche Ziele von Markenkooperationen in einer Übersicht themenbezogen zusammen.

[38] Vgl. MA&T Organisationsentwicklung GmbH,online im Internet: URL: http://www.kooperationswissen.de/ [Zugriff am 12.03.2009].

[39] Anhang III, Interview 5: Christoph Unckell, Geschäftsführender Gesellschafter Hotel Rebstock.

[40] Vgl. Anhang III, Interview 4: Jörg Englerth, Best Western Hotels Deutschland GmbH; Interview 3: Martin Fischer, Porsche Deutschland GmbH.

[41] Vgl. Esch, F.-R., Redler, J., 2005, S. 79-194 zitiert nach. Esch, F.-R., Strategie und Technik der Mar kenführung, S.446 f.

Abb. 5 Zielkriterien der Markenkooperation

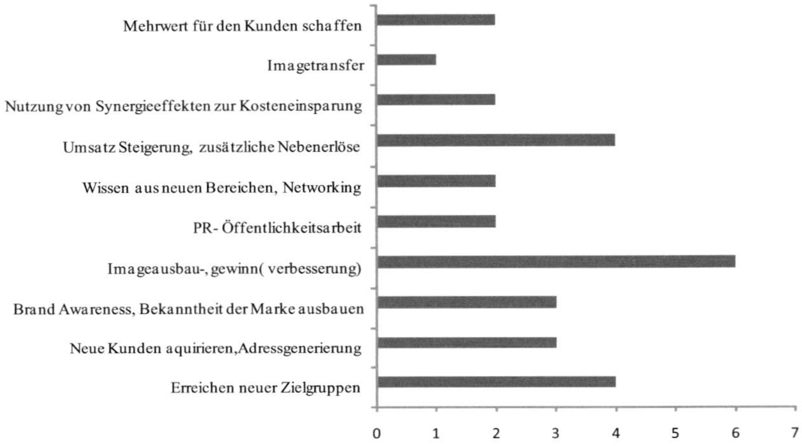

Abb. 6 Ziele der Markenkooperation im Überblick

Finanzielle Perspektive	
Umsatzsteigerung	Maximierung des RoI
Hoher Produktpreis	Risikoteilung und Investitionsminimierung
Marktperspektive	
Erschließung neuer Marktsegmente	Bessere Bearbeitung bestehender Marktsegmente
Stärkung der Branchenposition	Vermeidung von Eintrittsbarrieren
Markenperspektive	
Ausbau der Markenbekanntheit	Positiver Imagetransfer durch die Partnermarke
Generierung von Presseaufmerksamkeit	Verstärkung der Werbewirksamkeit
Kundenperspektive	
Qualitäts-, Sicherheits-, und Kompetenzsiegel	Schnelle/ Flexible Anpassung an Kundenanforderungen
Generierung eines Mehrwerts für den Kunden	Direkte Ansprache der Zielgruppen von Partnermarken

2.3 KOOPERATIONSINTENSITÄT

Die Entscheidung für Markenkooperationen als Instrument im Marketingmix bedeutet, dass manche Aufgaben kooperativ durchgeführt oder ausgegliedert werden. Dadurch verringert sich der Entscheidungsspielraum für jeden Partner. Diese Veränderung des Entscheidungsradius ist abhängig von der Intensität der Kooperation, welche sich nach qualitativen und quantitativen Aspekten bemisst. Diese werden im Folgenden betrachtet.

2.3.1 QUALITATIVE INTENSITÄT: DIE VIER STUFEN DER WERTSCHÖPFUNG

Blackett und Russell (1999)[42] argumentieren, dass nicht nur der Grad betrieblicher Überschneidung, sondern auch das eingesetzte Kapital und die Güter- und Fachkompetenz der Kooperationstreibenden, ausschlaggebend für das Potential des entstehenden Mehrwerts sei. Nach der Untersuchung verschiedener Kooperationsformen kommen die Autoren zum dem Schluss, dass sich Kooperationsaktivitäten in eine hierarchische Wertschöpfungskette einordnen lassen. Siehe hierzu Abbildung 7.

Abb. 7 Kooperative Wertschöpfungskette

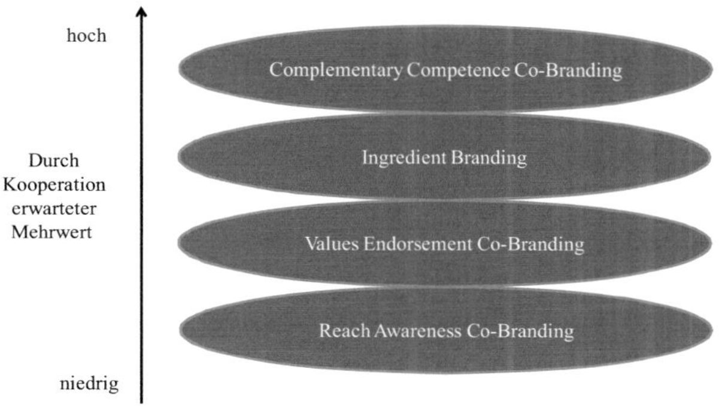

Quelle: Eigene Darstellung, in Anlehnung an Blackett, T., Russell, N, a.a.O., S. 9.

Auf der niedrigsten Ebene der beidseitigen Beteiligung (Reach Awareness Co-Branding), wird eine schnelle Markenaufmerksamkeit bewirkt, indem dem Kundenstamm der Partnermarke die eigene Marke vorgeführt wird. Auf dieser Ebene ist noch ein relativ geringer Investitionsumfang und nur ein begrenzter Aktionsradius nötig.

Der Unterschied zur reinen Stärkung der Markenaufmerksamkeit auf der nächsten Stufe der kooperativen Wertschöpfungskette, besteht in der Übertragung eines oder mehrerer Markenwerte mit der jeweiligen Markenpositionierung auf den anderen Markenpartner (Values

[42] Blackett, T., Russell, N.: What is Co-Branding? New York 1999, S.8-16.

Endorsement Co-Branding). Hierin besteht in vielen Fällen der hauptsächliche Beweggrund für die Partnerschaft.

Ein Zulieferer-Produkt wie *Goretex* erhält im Endprodukt, z.B. einer *Schoeffel*-Jacke auch eine Markierung. Der Kunde erhält dadurch Funktionalität und mehrere Marken in einem Produkt (Ingredient Co-Branding).

Jeder Partner bringt auf der vierten Stufe eine Auswahl seiner Kernkompetenzen und Fähigkeiten oder Wissen in die Kooperation ein (Complementary Competence Co-Branding). Während beim Ingredient Branding meist ein bestimmtes Gut oder Produkt in die Partnerschaft einfließt, sind es beim Complementary Competence Co-Branding mehrere Komponenten, die sowohl materiell als auch immateriell sein können.

2.3.2 QUANTITATIVE INTENSITÄT

Neben der qualitativen Kooperationsintensität spielt in der Praxis auch die quantitative Intensität eine Rolle. Dabei kann zwischen vier Determinanten unterschieden werden:

- Anzahl der Kooperationspartner
- Dauer der Kooperationsbeziehung
- Häufigkeit der Interaktion in der Kooperation
- Notwendiges Investment der beteiligten Partnerunternehmen

Bezogen auf die Anzahl der Kooperationspartner basiert die kleinste Markenkooperationseinheit auf zwei Marken und ist gleichzeitig die Markenpartnerschaft, welche am häufigsten anzutreffen ist. Grundsätzlich besteht keine Beschränkung hinsichtlich der Anzahl möglicher Markenpartner, je standardisierter ein Kooperationskonzept ist, umso einfacher kann die Anzahl der teilnehmenden Partner erhöht werden.

Hinsichtlich der Dauer und Häufigkeit ist zwischen kurz- mittel- und langfristigen Kooperationen zu unterscheiden. Kurzfristige Kooperationen beziehen sich auf einen Zeitraum, der ein Jahr nicht überschreitet oder einmalig durchgeführte Aktionen beinhaltet. Meistens haben kurzfristige Kooperationen eine taktische Zielsetzung, wohingegen mittelfristige (ein bis drei Jahre) und langfristige Kooperationen (ab drei Jahren) einen strategischen Hintergrund aufweisen. [43]

---

[43] Vgl. Vilmar, A., a.a.O., S. 69-72.

2.4 EIN GRUNDMODELL ZUR MARKENKOOPERATIONSWIRKUNG

Wie auch bei der Markeneinführung möchte man durch das Eingehen einer Markenkooperation den Kunden dahingehend beeinflussen, dass er bei seinen Kaufentscheidungen das Kooperationsprodukt den Produkten der Einzelmarken vorzieht. Um dies zu erreichen, übernehmen die beteiligten Marken eine Art Hebelfunktion. Im Vergleich zur Neumarkeneinführung wird eine positive Wirkung der Kombination von Markenwerten angestrebt, welche sowohl von den Markenpartnern auf das gemeinsame Projekt übergeht als auch auf die Einzelmarken einen rückwirkenden Effekt hat.[44] Erleidet ein Partner einen Imageverlust, so könnte dies vom Konsumenten ebenfalls auf die Markenpartnerschaft bezogen und somit auch mit dem Image des anderen Markenpartners assoziiert werden. Abbildung 8 verdeutlicht die möglichen direkten und rückwirkenden Effekte einer Markenkooperation.

Abb. 8 Wirkungseffekte der Markenkooperation

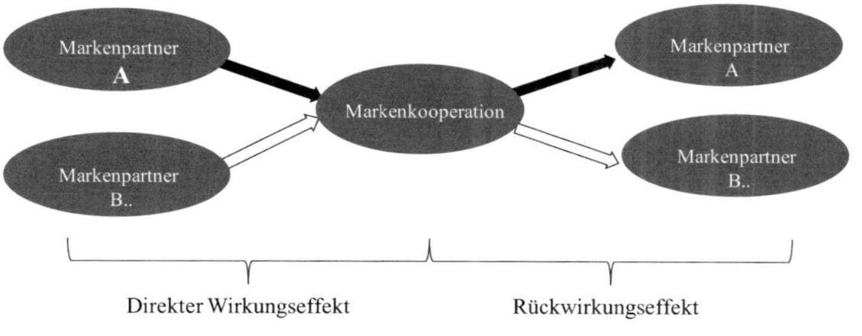

Quelle: Eigene Darstellung, in Anlehnung an Huber, J.-A., a.a.O., S.30.

2.5 DIE „ANCHORING-AND-ADJUSTMENT"-THEORIE

Die Urteilsbildung, in diesem Zusammenhang zu verstehen als die Meinungsbildung der Konsumenten zu Markenallianzen, kann durch die „Anchoring-and-Adjustment"- Theorie erklärt werden, welche durch eine Studie von Redler (2003)[45] belegt wird. Der potentielle Konsument bildet unter „Unsicherheit" ein Urteil zur Markenkooperation. Das heißt, er zieht einen Hinweisreiz als Ausgangspunkt für sein Urteil heran. Hiervon ausgehend adjustiert er sein Urteil individuell, auch bezeichnet als Moderation. Durch Anwendung dieses Modells lässt sich verstehen, wie sich das Urteil aus dem bereits bestehenden Markenwissen der Konsumenten bildet.

[44] Vgl. Esch, F.-R., et.al.: Management von Markenallianzen, S.488 f.
[45] Vgl. Redler, J.: Management von Markenallianzen, Berlin 2003, S.90-123.

Der Prozess zur Urteilsbildung lässt sich konkreter so beschreiben, dass das bereits bestehende Urteil zu einer Marke abgerufen und als vorläufiger Ankerwert übernommen wird. Im Anschluss wird auch das Urteil zur Partnermarke berücksichtigt und das temporäre Urteil in diese Richtung angepasst. Die Bewertung der Markenkooperation ergibt sich als ein gewichteter Durchschnitt der Einzelbewertungen beider Marken, wobei davon auszugehen ist, dass das Urteil in die Richtung der Ankermarke verzerrt ist. Siehe hierzu Abbildung 9. Die Ankerbildung wird wesentlich durch die Faktoren Bekanntheit, Markenstärke und den Fit der Produktkategorien beeinflusst. Je stärker die relative Ausprägung dieser Faktoren festzustellen ist, umso wahrscheinlicher ist, dass diese Marke die Rolle der Ankermarke einnimmt und das Urteil der Kooperation in diese Richtung verzerrt wird. Beispielsweise nähert sich das Persönlichkeitsprofil der Markenkooperation von *Colgate* und *Signal* stärker an *Colgate* an, weil diese Marke aufgrund höherer Bekanntheit als Anker dient.[46]

Abb. 9 "Anchoring-and-Adjustment"-Theorie

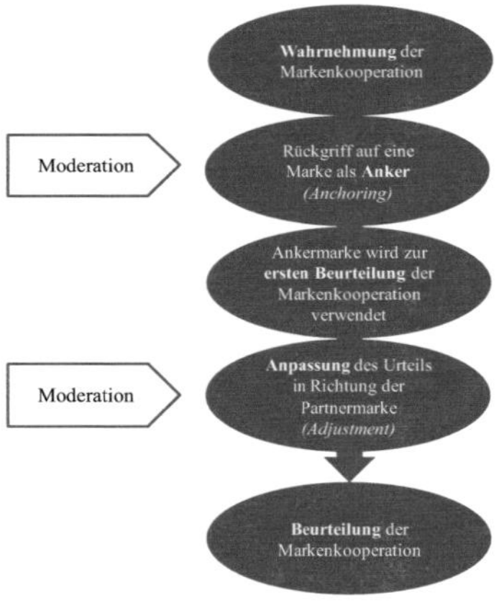

Quelle: Eigene Darstellung, in Anlehnung an Redler, J., a.a.O., S.110.

Aufschluss darüber, aus welchem Grund im Kooperationsgespann häufig eine Marke als Ankermarke fungiert, gibt nachstehender Themenabschnitt zu Markenanordnungen.

2.6 MARKENANORDNUNGEN

Markenkooperationen können hinsichtlich der Anordnung beteiligter Marken variieren. Zu unterscheiden ist die Gleichberechtigungs-Anordnung und die Dominanz-Anordnung. Abbil-

46 Vgl. Esch, F.-R., et al.: Management von Markenallianzen, S. 498 f.

dung 10 verdeutlicht, wie sich die Anordnung am Produkt in verschiedenen Varianten darstellt. Abb. 10 Dominanz-(A) und Gleichberechtigungsanordnungen(B)

(A) Dominanz-Anordnungen

Quelle: Online im Internet: URL: www.lenor.com; www.nestle.de; www.consumer.philips.com. [Zugriff am 21.03.2009].

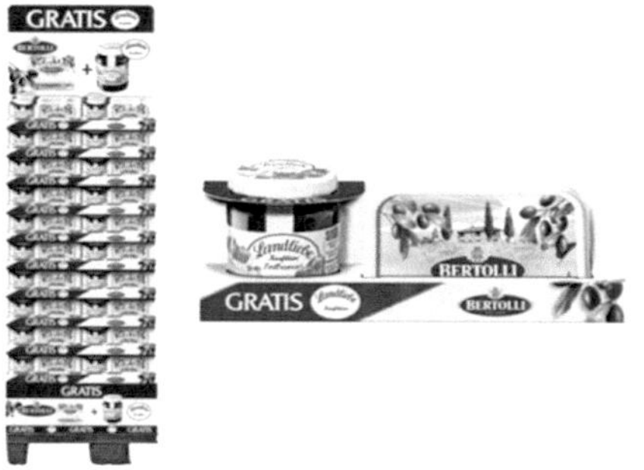

(B) Gleichberechtigungs-Anordnung

Quelle: Online im Internet: URL: http://www.stigroup.com/web/content/media/produkte_und_services/display/marketinginstrument_display/Bertolli-Landliebe-Co-Promotion.jpg [Zugriff am 23.03.2009].

Die Dominanz einer Marke kann wie in Abbildung 10 (A) gezeigt, durch die nachgeordnete Platzierung der Partnermarke auf dem Produkt, durch verbale Unterscheidung oder durch die unterschiedlichen Größenverhältnisse der Markenlogos herausgestellt werden. Eine gleichberechtigte Anordnung ist in Abbildung 10 (B) der Markenkooperation zu sehen. Die Produkte sind zwar in derselben Produkthülle eingebunden, jedoch dominiert keine der beiden Marken optisch, verbal oder durch die Reihenfolge ihrer Anordnung.

Anhand von Laborexperimenten belegten Park et al. (1996)[47], dass bei einer Dominanz-Anordnung der Reihenfolgenwechsel der Marken zu abweichenden Imageprofilen der Konsumentenbeurteilungen führt. Die dominante Marke oder Ankermarke der Markenkooperation beeinflusst dabei das Imageprofil immer stärker, als die weniger dominante. Bei einer Kooperation zwischen *Slim Fast* und *Lindt* würde die Kooperation eher mit Attributen wie geringer Kaloriengehalt oder Diät verbunden werden, wenn *Slim Fast* die Rolle der Ankermarke inne hätte, während bei *Lindt* die Attribute Geschmack und Luxus im Vordergrund stünden. 2002 konnten Wachendorf und Baumgarth[48] außerdem nachweisen, dass die Markenanordnung entscheidenden Einfluss auf die Preisbereitschaft nehmen kann. Bei einer Markenkooperation zwischen *Lego* und *Milka* war beispielsweise die Preisbereitschaft höher, als *Lego* die dominante Marke der Kooperation war, während *Milka* als dominante Marke eine niedrigere Preisbereitschaft hervorrief. Schlussfolgernd bestimmt die Dominanz die Zuordnung der Markenkooperation zu einer bestimmten Produktkategorie und somit auch zu einem damit assoziierten Preissegment.[49]

Die Dominanz der Marke kann weiterhin nicht nur auf das markierte Produkt, sondern auch auf die aktivere Partei innerhalb der Kooperationsbeziehungen zurückzuführen sein. Die Marke der aktiveren Partei bezeichnet Vilmar (2006)[50] als „α-Marke“. Marken, die in der Kooperationsmaßnahme eher eine passive Rolle einnehmen, werden hingegen „β-Marken“ genannt. Im Eventbereich kann dies der Fall sein, wenn eine Marke rein die Rolle des Sponsors einnimmt und an der Ausrichtung des Events keine weitere tragende Rolle spielt.

3 DIE FORMEN DER MARKENKOOPERATION

Wie bereits definiert, basieren Markenkooperationen generell auf dem Prinzip eines gemeinsamen Auftritts mindestens zweier Marken und sollen dem Endverbraucher einen eindeutigen Zusatznutzen vermitteln. In der Praxis sind verschiedene Ausprägungen der Markenkooperation zu beobachten. Nachfolgend werden die am häufigsten angewandten Markenkooperationsstrategien systematisiert dargestellt. Die Betrachtung bezieht sich auf die Instrumente „Kommunikation“ und „Produkt“ des Marketing- Mix, welche in der Praxis meist miteinander verbunden sind. Die Entscheidungen der Kommunikationspolitik sind jedoch an der aktu-

[47] Vgl. Park, C.W. et. al.: Composite Branding Alliances, in: Journal of Marketing Research, Vol. 33, 1996, S.453-466.
[48] Vgl. Baumgarth, C.: Wirkungen des Co-Branding, Wiesbaden 2003, S.326.
[49] Vgl. Baumgarth, C.: Co-Branding, Wiesbaden 2004, S.248 f.
[50] Vgl. Vilmar, A., a.a.O., S.68 f.

ellen Produktpolitik auszurichten. Es sind horizontale, vertikale und diagonale Markenkooperationen zu unterscheiden, wobei horizontale Markenkooperationen mit der Form des Co-Branding und die vertikale Ausprägung durch die Form des Ingredient Branding abgedeckt werden.

Diagonale oder branchenfremde Kooperationen bezeichnen solche Kooperationen, innerhalb derer zwei oder mehr Marken unterschiedlicher Branchen kooperieren, welche ursprünglich nicht zu einer Wertschöpfungskette gehörten. Durch die Kombination von Know-how oder unternehmenseigener Leistungen, können innovative, kundenspezifische Produkte und Dienstleistungen entstehen und der Vorstoß in neue Technik- oder Marktfelder ermöglicht werden[51]. Die Faktoren, welche auf die zu wählende Form der Kooperation Einfluss nehmen, sind nach Blackett und Russell (1999)[52] zum einen die Dauer der kooperativen Partnerschaft und zum anderen die Art und der Umfang des erwarteten Mehrwerts, der durch die Kooperation entstehen soll. Kooperative Beziehungen können zwischen einer Dauer von drei Monaten bis zehn Jahren variieren, was von der Lebensdauer eines Produktes (Life-Cycle) und der Charakteristik der betreffenden Märkte abhängt.

Esch (2008) [53] empfindet diese Faktoren als zu kurz gegriffen und fügt folgende Aspekte hinzu, die es ebenfalls für eine Zusammenarbeit und den Aufbau gemeinsamer Werte zu berücksichtigen gilt:

- Anzahl beteiligter Marken
- Rechtliches Eigentum an beteiligten Marken
- Die Wirtschaftsstufen auf denen beteiligte Marken angesiedelt sind
- Die Hierarchie beziehungsweise Anordnung beteiligter Marken

3.1 KOOPERATIVE PRODUKTPOLITIK

Als ein Kernelement des Marketing-Mix befasst sich die Produktpolitik mit der Festlegung des Leistungsprogramms und damit der Ausgestaltung und Entwicklung des Produktes, angepasst an dynamische Unternehmens- und Umweltveränderungen. Im Folgenden werden die kooperativen Strategien des Ingredient Branding, des Brand Bundling sowie des Co-Branding vorgestellt, die sich unmittelbar auf die Produktgestaltung beziehen[54].

---

[51] Vgl. Vilmar,A., a.a.O., S.52.

[52] Vgl. Blackett, T., Russell, N.: What is Co-Branding?, S.7f.

[53] Vgl. Esch, F.-R., Redler, J., 2005, S. 159, zitiert nach Esch, F.-R.: Strategie und Technik der Markenführung, S.442.

[54] Vgl. Keldermann, S, a.a.O., S. 31.

3.1.1 INGREDIENT BRANDING

Unter Ingredient Branding versteht man die Markierung von Materialien, Komponenten und Teilen, die in anderen Produkten zum Einsatz kommen und deren Leistungen von den Kunden als eigenständiger Bestandteil dieser Produkte wahrgenommen werden. Beispielhaft können *Intel* verwendet in *Dell* PCs, *Gore-Tex* verwendet in *Schoeffel* Jacken, *Bose*, verwendet in *Porsche* Sportfahrzeugen und *Teflon* verwendet in *Silit* Pfannen angeführt werden. Zu den Kennzeichen für ein Ingredient Branding gehört, dass[55]

- ein Produktgut als Produktionsgut besteht,
- die Nachfrage nach dem Ingredient Branding im Rahmen der Gütererstellung erfolgt
- und sie sowohl gegenüber Herstellern, Handel und Konsumenten kommuniziert wird.

Das wesentliche Ziel dieser Form der Markenkooperation liegt darin, Einfluss auf die Kaufentscheidung von Nachfragern zu nehmen. Im Gegensatz zu einer reinen „Push-Strategie", welche sich rein auf die Abnehmer der nächsten Marktstufe konzentriert, wird versucht, eine „Pull-Wirkung" im Markt zu erzielen, um die Begehrlichkeit für die Ingredient Brand zu entwickeln.[56] Indem die Ingredient Brand meist als Qualitätssiegel fungiert, soll bei den Kunden zunächst eine Präferenz und längerfristig Markenloyalität aufgebaut werden. Die Schwierigkeit bei dieser Kooperationsstrategie liegt darin, dass Vorprodukte auf der nachfolgenden Produktebene meist nicht sichtbar sind. Deshalb ist gerade bei Ingredient Branding die Markierung und zusätzliche Vermarktung der Marke ein zentrales Erfolgskriterium.[57]
Abbildung 11 zeigt die beiden Ingredient Brands Beispiele *Gore-Tex* und *Intel Inside.*

Abb. 11 Ingredient Brands *Gore-Tex* und *Intel*

Quelle: Online im Internet: URL: http://www.marke.at/content/knowledgebase/papers_and_studies/pictures/b2bingredient.jpg [Zugriff am 15.12.2008].

[55] Vgl. Freter, H,, Baumgarth, C., 2005, S. 455-480, zitiert nach Esch, F.-R.: Strategie und Technik der Markenführung, S.453.
[56] Vgl. Kleinaltenkamp, M., 2000, S. 103-110, zitiert nach Esch, F.-R.: Strategie und Technik der Markenführung, S.454.
[57] Vgl. Esch, F.-R., Honal, A., München 2008 (im Druck), zitiert nach Esch, F.-R.: Strategie und Technik der Markenführung, S.454.

3.1.2 BRAND BUNDLING

Der Begriff Bundling lässt sich aus dem Englischen to bundle/bündeln; a bundle/ein Bündel ableiten, womit ein erster Hinweis auf die Charakteristik der Strategie des Brand Bundling gegeben ist. Sie stellt neben dem Ingredient Branding eine zweite Variante im Rahmen der kooperativen Produktpolitik dar. Priemer (2000)[58] lieferte eine erstmals wissenschaftlich systematisierte Darstellung des Brand Bundling, wobei Bundling für das Kombinieren zweier Produkte oder Marken in einem Paket steht, das aus eigenständigen oder einzeln wahrnehmbaren Komponenten bestehen muss. Genannte Kombination kann sowohl bereits bei der Produktion entstehen wie beispielsweise die vier „Fruchtzwerge" von *Danone* wie in Abbildung 12 zu sehen, als auch erst nach Fertigstellung der einzelnen Produkte in Form einer Umverpackung. Häufig zu sehen ist dies in Aktionsverpackungen wie beispielsweise bei *Bertoli* und *Landliebe* in Abbildung 10. Das Besondere an dieser Aktion ist, dass durch das Erwerben des Brand Bundles meist eines der Produkte für den Konsumenten gratis bleibt, dadurch ist der Konsumentenvorteil sofort ersichtlich. Außerdem ist das Bundle dann sinnvoll, wenn beide Produkte gleichzeitig, beispielsweise beim Frühstück, verwendet werden.

Abb. 12 Brand Bundling am Beispiel *Danone*

Quelle: Online im Internet: URL: http://www.danone.at/uploads/pics/produkte_fruchtzwerge.jpg [Zugriff am 23.03.2009].

Das Bundling kann sowohl zwischen zwei verschiedenen Marken erfolgen, oder auch mit zwei gleichen Produkten oder mehreren Produkten derselben Marke, wie es im Beispiel der *Danone* Fruchtzwerge der Fall ist. Ziel des Bundling ist, neben der Hebung von Synergie-Effekten, den Absatz durch Preisreduktionen zu steigern, oder den Kunden durch den reduzierten Informations- und Suchaufwand dazu zu veranlassen, eine größere Menge eines Produkts oder mehrere Artikel des Produkts zu erwerben.[59] Durch klare Produkt- und Markendifferenzierung wird erwartet, eine Steigerung der wahrgenommenen Qualität und erhaltenen

[58] Vgl. Priemer,V.: Bundling im Marketing, Frankfurt 2000, S.31.-61

[59] Vgl Priemer,V., a.a.O., S.61.

Leistung zu erzielen.[60] Die Produktdifferenzierung ergibt sich entweder aus dem Angebot eines Bündels statt eines Einzelprodukts, oder aus einzigartigen Bündelkomponenten, die nur in dieser Form zu erwerben sind.[61]

3.1.3 CO-BRANDING

Die Markenkooperationsform Co-Branding wird auf unterschiedliche Weise in den Kontext der Markenkooperation eingeordnet. Daraus resultiert eine Begriffsverwirrung, die sich auch in der Fachliteratur widerspiegelt.[62] Mit dem Begriff Co-Branding kann entweder die Markenkooperation im weiteren Sinn gemeint sein. In diesem Fall bezieht sich Co-Branding auf sämtliche Ausprägungen der Markenkooperation und beinhaltet den *„gemeinsamen Auftritt wenigstens zweier selbstständiger Marken“*.[63] Es kann sich aber auch um Co-Branding im engeren Sinn handeln und damit eine Ausprägung der Markenkooperation darstellen, die sich wie folgt charakterisiert: Ein Produkt wird durch mehrere Marken unterschiedlicher Eigentümer markiert, die auf gleichen Wirtschaftsstufen, also horizontal angesiedelt sind. Die Zusammenarbeit ist längerfristig angelegt. Dadurch wird die Übertragung positiver Gedächtnisinhalte beider Marken auf ein gemeinsam markiertes Produkt angestrebt.[64] Co-Branding als Ausprägung der Markenkooperation ist demnach daran zu erkennen, dass

- etablierte Marken
- wenigstens zweier Eigentümer,
- welche auch nach der Kooperation eigenständig weitergeführt werden,
- in einer eher langfristig angelegten Kooperation,
- ein neues Produkt oder eine neue Leistung gemeinsam markieren.

Abbildung 13 zeigt zwei Beispiele für Co-Branding.

[60] Vgl. Priemer, V., a.a.O., S.96 ff.
[61] Vgl. Priemer,V., a.a.O., S.108.
[62] Vgl. Kiesow, P.: Co-Branding – Ziele, Chancen und Nutzen von Markenallianzen, Saarbrücken 2007, S.65.
[63] Vgl. Esch, F.-R.: Strategie und Technik der Markenführung, S. 442.
[64] Vgl. Ebda., S.442.

Abb. 13 Beispiele für Co-Branding

Quelle: Online im Internet: URL: http://de-de.cunda.de/fashion/collection/clockhouse/thedome/, http://www.boesch-boats.ch/site/aktuell/news/iwc-cooperation [Zugriff am 12.03.2009].

Die Anordnung der Marken ist hier durch die Größenunterschiede der Markennamen ersichtlich. *The Dome* fungiert als Ankermarke, während *Clockhouse (C&A)* an das Logo von *The Dome* angedockt wird und zur Facettierung des Produkts beiträgt. Im Beispiel von *IWC* und *Boesch Boats*, fungiert IWC als Ankermarke, da Design und Produktion von *IWC* geleistet wird, *Boesch*-Elemente wie beispielsweise dunkles Holz werden zum Design und zum Branding der Uhr hinzugezogen.

Innerhalb des Co-Branding erscheint in letzter Zeit immer häufiger eine spezielle Ausprägungsform: Co-Branding Partnerschaften für eine Wohltätigkeitsorganisation, beziehungsweise mit dem Ziel eines wohltätigen Zwecks. Die Organisation erhält durch die Markenpartner einen eigenständigen Namen. Sie werden „Cause-Brand Alliance" oder allgemeiner, „Cause Related Marketing" genannt und haben das Ziel den Markennamen mit der Wohltätigkeitsorganisation im Gedächtnis der Konsumenten zu verknüpfen.[65] Meistens wird die Partnerschaft aus Sicht des Markeninhabers auch aus wirtschaftlichem Interesse unterhalten und Markenpartner fungieren als Sponsoren wohltätiger Projekte. Ein Beispiel hierfür ist *Laureus*, eine Organisation die jährlich den Laureus World Sports Award an den Sportler des Jahres vergibt. Außerdem unterstützt sie zahlreiche soziale Projekte zur Förderung der Sportjugend oder der Hilfe von Straßenkindern. Abbildung 14 zeigt das Organisations-Logo und deren Förderer *Mercedes Benz*, *IWC* und *Vodafone*.

Abb. 14 Organisation *Laureus*

Quelle Online im Internet: URL: http://www.laureus.com [Zugriff am 20.03.2009].

[65] Vgl. Lafferty, B. A., et. al: The Impact of the Alliance on the Partners, in: Psychology & Marketing, Vol. 21, Nr.7, 2004, S. 510.

3.2 KOOPERATIVE KOMMUNIKATIONSPOLITIK

Während sich die Produktpolitik hinsichtlich der Leistungserstellung eher mit strategischen Entscheidungen auf der Produktebene befasst, beinhaltet die Kommunikationspolitik verschiedene interne und externe Kommunikationsmaßnahmen, womit sich die Leistungsdarstellung beschreiben lässt.

Nachfolgend werden die wesentlichen Formen der Markenkooperationen vorgestellt, die im Bereich Leistungsdarstellung anzusiedeln sind und sich in zwei Dimensionen stark voneinander unterscheiden: Zum einen in der Dauer der Kooperation und zum andern im Grad des Aufbaus gemeinsamer Wertvorstellungen.[66]

3.2.1 CO-ADVERTISING

Co-Advertising lässt sich auf das gemeinsame Betreiben unabhängiger Unternehmen[67] beziehen, deren Kooperationsaktivitäten sich von einer gemeinschaftlich durchgeführten Marktforschung bis zur Realisation konkreter Werbeformen zu einem bereits bestehenden Produkt erstrecken können. [68] Sie zählt zu den „above the line“ Aktivitäten unter denen die klassischen Mediaformen zu verstehen sind, deren Aufgabe vorrangig darin besteht das Markenimage aufzubauen.[69]

Diese Werbeformen lassen sich in vier Kategorien einteilen:

- Gemeinschaftswerbung[70]: Darunter ist die Zusammenarbeit von Unternehmen derselben Wirtschaftsstufe in einer Branche zu verstehen, deren Produkte sich substituieren[71].
- Sammelwerbung[72]: Hier werden die beteiligten Unternehmen explizit genannt, obwohl sie sich auf derselben Wirtschaftsstufe befinden.
- Gruppenwerbung: [73] Geht es in der Sammelanzeige, neben den Firmennamen außerdem um dasselbe Produkt, so kommt der Begriff der Gruppenwerbung zum tragen. Gruppenwerbung hat das Ziel dem Betrachter die Attraktivität des Marktsegments zu vermitteln.

[66] Vgl. Blacket, T., Russell, N.: What is Co-Branding, S.7; Esch, F.-R.: Strategie und Technik der Markenfü hrung, S. 442.
[67] Vgl. Keldermann, S., a.a.O., S.36.
[68] Vgl. Vilmar, A., a.a.O., S.42.
[69] Vgl. Fuchs, W., Unger, F.: Management der Marketing-Kommunikation, Berlin 2007, S. 218.
[70] Vgl. Anhang I: Abbildungen, Abb. 44.
[71] Vgl. Kunze, F. H.: Horizontale Markenkooperationen in der Marketingkommunikation, Erfurt 2002, S.4.
[72] Vgl. Anhang I: Abbildungen, Abb. 45.
[73] Vgl. Anhang I: Abbildungen, Abb. 46.

- Verbundkommunikation:[74] Hier herrscht keine Konkurrenz zwischen den Unternehmen, welche gemeinschaftlich Werbeformen produzieren. Dies hat den Vorteil der flexiblen Angebotsgestaltung und -erweiterung.[75]

Besonders kleinere Unternehmen sind in der Lage durch die werbliche Partnerschaft mit relativ geringem Budget einen vergleichsweise hohen Werbedruck zu erzielen.[76] Solch eine Kooperation bietet außerdem die Möglichkeit viele Medien, vor allem Medien hoher Nachfragewirksamkeit, einzusetzen.[77]

3.2.2 CO-PROMOTION

Unter die Kategorie Co-Promotion fallen sämtliche Werbemaßnahmen, welche direkt am Point of Sale stattfinden und unmittelbaren Einfluss auf die Kaufentscheidung nehmen sollen.[78] Während Co-Advertising zu den „above the line" Aktivitäten mit dem Ziel der Etablierung des Markenimages gehört, zählt Co-Promotion zu den „below the line" Maßnahmen. Dazu zählen beispielsweise Verkaufsförderung, Direkt-Marketing, Sponsoring oder Messen und Ausstellungen. Diese Maßnahmen haben das Ziel einen zusätzlichen Impuls zur Kaufentscheidung zu geben.[79] Der bedeutendste Unterschied zu anderen Formen der Markenkooperation ist bei Co-Promotion in der limitierten Kooperationslaufzeit zu sehen. Die gemeinschaftliche Promotionsaktion wird meist mit relativ kurzer Vorlaufzeit geplant, sie kann aber je nach Umfang der Aktion auch variieren. Co-Promotion Aktionen sind meist einmaliger Natur, bei erfolgreichem Abschluss wird die Zusammenarbeit häufig wiederholt. So stellte Porsche Deutschland in Anschluss an ein erfolgreiches Kooperations-Event 2008 im Jahr 2009 die Shuttle-Fahrzeuge für *Sunseeker* auf einer Messe und intensivierte dadurch die Markenpartnerschaft. Weitere Formen angewandter Co-Promotion Aktionen können gemeinsame Gewinnspiele oder Preisausschreiben sein, wie bei einer Aktion von *Estée Lauder* und *Mytheresa*.com, die im November 2008 bei einem gemeinsamen Gewinnspiel eine *Miu Miu* Handtasche verlosten. Bei einer derartigen Co-Promotion liefert meist einer der Markenpartner den möglichen Gewinn des Preisausschreibens wie in diesem Fall die Handtasche, welche von *Mytheresa* stammte, während das andere Markenunternehmen die Umsetzung voran-

---

[74] Vgl. Anhang I: Abbildungen, Abb. 47.
[75] Vgl. Kunze, F. H., a.a.O., S.4f.
[76] Vgl. Baumgarth, C.: Markenpolitik – Markenwirkungen-Markenführung-Markenforschung, S.284.
[77] Vgl. Barth, K., Theis, H.-J., 1991, S. 442, zitiert nach Keldermann, S., a.a.O., S.37.
[78] Vgl. Barth, K., Theis,H.-J.,1991, S. 275, zitiert nach Keldermann, S., 2004, S.37.
[79] Vgl. Fuchs, W., Unger, F.: a.a.O., S. 218.

treibt.[80] *Estée Lauder* entwarf und versandte den Newsletter, der das Gewinnspiel ankündigte. Hierdurch gewannen beide Markenpartner Neukunden und schafften Markenaufmerksamkeit und Interesse innerhalb der potentiellen Zielgruppen,[81] worin das grundlegende Ziel dieser Markenkooperationsform zu sehen ist. Gibt man Palupsi (1994)[82] Recht, wird dies insbesondere durch den Überraschungseffekt bewirkt, der durch den unerwarteten gemeinsamen Werbeauftritt beim Endkunden oder dem Handel erzeugt wird.

3.2.3 MEDIENKOOPERATION

Im Falle einer Kooperation zwischen einem Hersteller- oder Handelsunternehmen auf der einen Seite und einem Medienunternehmen auf der anderen Seite, spricht man von einer Medienkooperation. Ebenso denkbar ist die Kooperation zwischen zwei Medienunternehmen beziehungsweise Medienmarken. Eine Medienkooperation impliziert das Einbinden der Medienmarke in die Kooperationsaktivität mit dem Ziel der Imagestärkung in den eigenen Zielgruppen,[83] welche durch das Medienunternehmen zielgenau erreicht werden können. Als Beispiel kann das Handelsunternehmen *Plus* genannt werden, welches gemeinsam mit *Bild.de* und *T-Online* einen speziell konfigurierten und sehr günstigen PC, den „Volks-PC“[84] anbot.[85] Der Wertgewinn einer Markenkooperation hängt oft stark vom kommunikativen Aufwand und der Kooperationsdauer der Partner ab, ist jedoch bei Co-Promotion, Co-Advertising und Medienkooperationen vergleichsweise geringer einzuschätzen als bei den anderen Kooperationsformen. Das reine Einbinden einer Medienmarke in die Kooperation gibt jedoch noch nicht Aufschluss über die mögliche Wertgewinnung in der Kooperationsaktivität. Der Begriff der Medienkooperation wird vor allem verwendet, wenn das Medienunternehmen als Kanal zur Zielgruppe genutzt wird und weniger die Medienmarke im Vordergrund steht.

3.2.4 MEGABRANDS

Von Megabrand ist die Rede, wenn die Leistung, welche im Rahmen einer Markenkooperation zwischen zwei oder mehreren Kooperationspartnern erbracht wird, eine übergeordnete

[80] Vgl. Anhang I: Abbildungen: Abb. 48.
[81] Vgl. Himmel, W.: Co-Branding – Eine neue Strategie in der Markenführung, Erfurt 2002, S. 30.
[82] Vgl. Palupsi, R., Bohmann, A.: Co-Promotion, in: Marketing-Zeitschrift für Forschung und Praxis, Nr. 4, 1994, S.259ff.
[83] Vgl. Vilmar, A., a.a.O., S.43.
[84] Vgl. Anhang I: Abbildungen, Abb. 49
[85] Vgl. IDG Magazine Media GmbH, Dirscherl, Dr. H.: online im Internet: URL: http://www.pcwelt.de/start/computer/archiv/27829/der_neue_volks_pc_ii_strahlungstest_bestanden/ [Zugriff am 24.03.2009]

Markierung erhält, die sich ausschließlich auf die Kooperationsleistung beschränkt. Beispielhaft ist *Star Alliance* zu nennen. Die Kooperation von heute 20 Airlines beinhaltet gemeinsame Flugrouten, das Zusammenlegen von Flügen bei Nichtauslastung und kundenbezogenes Marketing.[86] Kunden, welche unter einer dieser Airlines als Nutzer registriert sind, haben Zugriff auf zahlreiche Vorteile, wie beispielsweise Vorzugsreservierungen, Zugang zu mehr als 500 Lounges an Flughäfen weltweit oder die Möglichkeit zur Teilnahme an einem Kundenbindungsprogramm (frequent flyer program).[87]

3.2.5 CO-MARKETING

Unter Co-Marketing ist die partnerschaftliche Zusammenarbeit zwischen Hersteller und Handel zu verstehen, die beispielsweise bei Planung und Umsetzung von Vermarktungskonzepten kooperieren. Während der Hersteller eine Marke in die Kooperation einbringt, tritt der Handel selbst als Marke auf. Um Co-Marketing den Markenkooperationen zuordnen zu können, ist an dieser Stelle zu betonen, dass die Marke des Handels als Bestandteil der Kooperation fungiert.[88]

Es kann sich dabei um die Handelsmarke selbst handeln, wie am Beispiel der Kooperation zwischen *Tchibo* und *O^2* dargestellt werden kann. *Tchibo* lässt das Handy produzieren, auf dem später lediglich die Marke *TCM* von *Tchibo* ausgewiesen ist. *O^2* nimmt Tchibo die Handys ab, vertreibt sie über einen 24 Monats-Vertrag oder als Prepaid Handy in der Tchibo Filiale und vergrößert damit seinen Kundenstamm.[89]

Es ist in diesem Zusammenhang nicht ausreichend, wenn ein Handelsunternehmen einem Hersteller die Fläche für ein Shop-in-Shop System zur Verfügung stellt.[90]

Abbildung 15 gibt eine Übersicht der bisher vorgestellten Markenkooperationsformen in Abhängigkeit von Kooperationsdauer und erwartetem generierbarem Mehrwert.

---

[86] Vgl. Blackett, T., Russell, N.: What is Co-Branding?, S. 17f.

[87] Vgl. Vilmar, A., a.a.O., S. 44.

[88] Vgl. derselbe, a.a.O., S.41.

[89] Vgl. Axel Springer AG, o. V.: Kooperation mit Tchibo zahlt sich für Mobilfunker O_2 aus ,online im Internet: URL: http://www.welt.de/print-welt/article683886/Kooperation_mit_Tchibo_zahlt_sich_fuer_Mobilfunker_O2_aus.html [Zugriff am 24.03.2009].

[90] Vgl. Vilmar,A., a.a.O., S.41.

Abb. 15 Kooperationsübersicht: Verhältnis zwischen Dauer und generierbarem Mehrwert

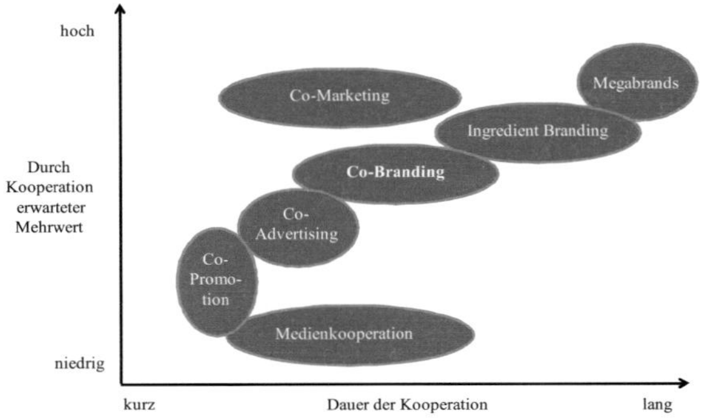

Quelle: Eigene Darstellung, in Anlehnung an Blackett/ Russell, a.a.O., S. 7.

3.3 PRAKTIZIERTE FORMEN DER MARKENKOOPERATION

Die Experteninterviews brachten Aufschluss darüber, dass jede der vorgestellten Markenkooperationsformen auch angewandt wird. Die Formen Co-Promotion (33%) und Co-Branding (27%) sind dabei am stärksten vertreten, gefolgt von den Medienkooperationen (17%). Die Megabrand-Kooperation ist gemeinsam mit der Co-Marketing Form gleich stark vertreten (beide 10%). Die Form des Ingredient Branding wurde nur bei einem der befragten Unternehmen praktiziert und bildet mit 3% das Schlusslicht. Siehe dazu folgende Abbildung 16.

Abb. 16 Verteilung angewandter Markenkooperationsformen

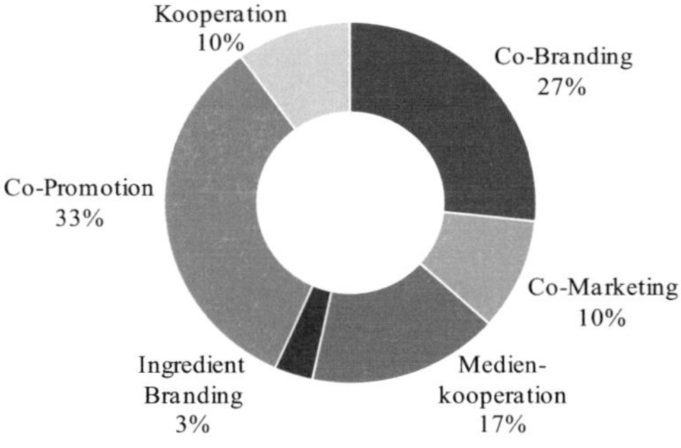

Zusammenfassend werden in Abbildung 17, welche dieses Kapitel abschließt, vorgestellte Formen der Markenkooperation im Überblick dargestellt.

Nachdem in Kapitel (B) zunächst die Thematik der Markenkooperation hergeleitet wurde und mögliche Differenzierungen der Markenkooperation aufgezeigt wurden (Intensität der Kooperation, Markenanordnung, Stellung der Marke im Kooperationsgespann), wurden die Wirkungsweise auf den Konsumenten und dessen automatischer Beurteilungsmechanismus der Markenkooperation betrachtet.

Das Kapitel schließt mit den Formen der Markenkooperation ab, welche in Deutschland am häufigsten anzutreffen sind. Ausgehend vom Motiv der bisher wenig erfolgreichen Durchführung von Markenkooperationen in Deutschland[91] werden in Kapitel (C) mögliche Erfolgsfaktoren für Markenkooperationen aufgezeigt. Einen Auftakt bildet die Thematik der kritisch diskutierten Erfolgsfaktorenforschung.

[91] Vgl. Döring, J., et.al., a.a.O. Berlin 2007.

Abb. 17 Formen der Markenkooperation im Überblick

Begriff	Charakterisierung	Beispiel
Kooperative Produktpolitik		
Co-Bundling	Kombiniertes Angebot zweier oder mehr Güter als Paket zu einem (Gesamt-)Preis	*Bertoli* Margarine und *Landliebe* Marmelade als „zwei in eins“ Angebot;
Ingredient Branding	Vertikale Kooperation zwischen Zulieferer und Hersteller, die Zuliefermarke wird im Endprodukt zusätzlich markiert	*Intel Inside* und *Dell* PC; *GoreTex* Material in *Schoeffel* Jacken; *Bose* Soundsysteme in *Porsche* Fahrzeugen;
Co-Branding	Markierung eines neuen Produkts/ Leistung durch etablierte Marken derselben Wirtschaftsstufe (horizontal)	*Ritter Sport-Baileys;* *Krups-Nespresso* Kaffeemaschine; *The Dome-C&A* Collection; *IWC-Boesch* Boote Uhr;
Cause-Brand Alliance (Co-Brand Ausprägung)	Markierung eines neuen Produkts/ Leistung durch etablierte Marken. Mindestens ein Markenpartner ist eine Wohltätigkeitsorganisation	*IWC, Merzedes Benz, Vodafone & Laureus;* *Krombacher* und *World Wildlife Funds for Nature (WWF);*
Kooperative Kommunikationspolitik		
Co-Advertising	Nennung der Anbieter mehrerer bereits bestehender Produkte innerhalb eines zeitlich befristeten gemeinsamen Werbemittels	*Siemens* und *Ariel* Co-Advertising zu Wash Couture, einem gemeinsam initiierten Design Award;
Co-Promotion	Zeitlich befristeter gemeinsamer Auftritt von eigenständigen etablierten Marken im Rahmen von Promotionsaktionen	Gewinnspiel von *Mytheresa* und *Estée Lauder;* Kundenevent von *Porsche, Sunseeker* und *Berenbergbank;*
Medienkooperation	Kooperation mit einem Medienunternehmen, welches als Markenpartner fungiert, um ein gemeinsames Produkt streuverlustfrei zu bewerben	„Volks-PC“ von *Plus*, beworben durch *BILD* und *T-Online*;
Mega Brands	Mehrere Marken bieten unter einer Dachmarke die sich auf bestimmte Kooperationsleistungen beschränkt ihren Kunden ein gemeinsames Vorteilspaket	*Star Alliance*, sammeln von Meilen, welche in einer Leistung der *Star Alliance* ausbezahlt werden kann;
Co-Marketing	Hersteller und Handelsmarke kooperieren in einer gemeinsam angebotenen Leistung	*Tchibo* und O^2 bieten gemeinsam ein Handy (Produktion von *Tchibo*) mit Vertrag (O^2 erstellt Kundendatenbank) an

C ERFOLGSFAKTOREN DER MARKENKOOPERATION

1 ZUR THEMATIK DER ERFOLGSFAKTORENFORSCHUNG

Bereits 1939 wurden von Domizlaff 22 Gesetze der Markenführung artikuliert, die ohne spezifischen Kontextbezug für den Erfolg in der Markenführung verantwortlich sein sollten. Diese frühen „Erfolgsfaktoren" basieren auf Domizlaffs eigenen Erfahrungen aus der Praxis der Markenführung. Auch aktuelle Arbeiten wie beispielsweise von Keldermann (2004)[92], Huber (2004)[93] oder Esch (2008)[94] artikulieren normative Empfehlungen und werden aus qualitativen sowie quantitativen Studien und Befragungen, Erfahrungen der Autoren oder aus konkreten Beratungsprojekten und Laborexperimenten hergeleitet. Obwohl die formulierten Erkenntnisse sich nicht explizit auf Ergebnisse der Erfolgsfaktorenforschung beziehen, belegen sie die Suche nach Schemata und Regelmäßigkeiten, welche dem Markenmanager Entscheidungshilfen in konkreten Situationen liefern sollen. Entgegen dieser scheinbaren Mastertechnik im Markenbereich wird die Erfolgsfaktorenforschung in der Betriebswirtschaft kritisch diskutiert.[95] Siehe dazu beispielsweise Nicolai/Kieser (2004)[96] oder Homburg/Krohmer (2004).[97] Angeführte Kritikpunkte sind unter anderem die Möglichkeit des Kopierens von Erfolgsfaktoren im Moment der Veröffentlichung sowie die zeitliche Verschiebung des Erfolgszeitpunktes, das heißt, was gerade eben noch ein Mittel zum Erfolg war, muss einen Moment später nicht zwangsläufig dieselben Effekte bewirken. Außerdem wird die Übertragbarkeit in andere Branchen in Frage gestellt und die Frage aufgeworfen, ob es nicht gerade den Erfolg ausmachte, dass genau in diesem Moment nur jenes Unternehmen eine bestimmte eventuell neuartige Vorgehensweise anwandte oder bestimmte Kenntnisse besaß.

Auch diese Arbeit möchte keinen Anspruch auf Übertragbarkeit und sicheren Erfolg stellen, vielmehr soll sie einen Einblick in die Kenntnisse und Erfahrungen der auf Markenebene kooperierenden Firmen in Deutschland ermöglichen und eventuelle Verbesserungschancen für eigene Vorgehensweisen aufzeigen.

---

92 Vgl. Keldermann, S., a.a.O., S.48-60.
93 Vgl. Huber, F.: Erfolgsfaktoren von Markenallianzen, Wiesbaden 2004, S.150-177.
94 Vgl. Esch, F.-R.: Strategie und Technik der Markenführung, S.447-453.
95 Vgl. Baumgarth, C.: Erfolgsfaktorenforschung im Markenbereich, in: der markt, Nr.182, 46. Jahrgang, 2007, S. 99-114.
96 Vgl. Kieser, A., Nicolai, A.: Trotz eklatanter Erfolglosigkeit: Die Erfolgsfaktorenforschung weiter auf Erfolgskurs, online im Internet: URL: www.dialog-erfolgsfaktorenforschung.de [Zugriff am 26.12.2008].
97 Vgl. Homburg, C., Krohmer, H.: Die Fliegenpatsche als Instrument des wissenschaftlichen Dialogs, online im Internet: URL: www.dialog-erfolgsfaktorenforschung.de [Zugriff am 26.12.2008].

Markenkooperationsprojekte involvieren in der Regel mehrere Hierarchieebenen und Abteilungen in den beteiligten Unternehmen. Daraus ergeben sich nicht wenige Schnittstellen, an denen ein Abgleich stattfinden muss, was erheblichen Zeit und Kostenaufwand nach sich ziehen kann. Um eine positive Nutzen-/Aufwand-Relation zu erlangen, ist ein systematisches Kooperationsmanagement erforderlich, welches Planung, Steuerung und Kontrolle der Markenkooperation umfasst. Diesem liegt die Fähigkeit zu Kooperation zu Grunde, womit gemeint ist kooperativ zu interagieren. Das Unternehmen selbst, das Team im Kooperationsprojekt, sowie die potentielle Partnermarke sollten bestimmte Voraussetzungen erfüllen, um ein erfolgreiches Kooperationsmanagement zu ermöglichen.

2 DIE KOOPERATIONSFÄHIGKEIT DES UNTERNEHMENS, DER MARKE UND DES TEAMS

2.1 KOOPERATIONSFÄHIGKEIT DES UNTERNEHMENS

Der Erfolg einer Markenkooperation wird von Beginn an durch die Kooperationsfähigkeit des eigenen Unternehmens beeinflusst: *„Both brand cooperations and cooperation marketing begin at home"*.[98] Inwieweit die Voraussetzungen im eigenen Unternehmen für eine erfolgreiche Markenkooperation gegeben sind, lässt sich mit einer marken- und unternehmensspezifischen Checkliste herausfinden, welche in Anhang II ausgewiesen ist.

Ausgehend von der Annahme, dass bereits die Ausrichtung des Unternehmens die Kooperationsfähigkeit und damit den Markenkooperationserfolg beeinflusst, wird folgende erste Hypothese aufgestellt:

> H 1.1: Die Kooperationsfähigkeit des eigenen Unternehmens trägt zum Erfolg einer Markenkooperation bei.

2.2 KOOPERATIONSFÄHIGKEIT DER MARKE

Damit jeder Markenpartner von der Kooperation profitieren kann, müssen die Marken, welche in die Zusammenarbeit eingebracht werden, über eine gewisse Markenstärke verfügen, ansonsten ist ein ausgeglichener Nettonutzen für alle Partner nicht möglich und ein Koopera-

[98] Vgl. Vilmar, A., a.a.O., S.79f.

tionserfolg fraglich. Die Markenstärke ist auch für die wechselseitigen Wirkungseffekte im Rahmen des Imagetransfers zwischen den kooperierenden Marken relevant. Je ausgeprägter die Markenstärke und die Markenbekanntheit sind, umso stärker fallen bei positivem Markenimage die Ausstrahlungseffekte und damit die Wirkung der Kooperationsmarken aus.[99] Die ausgeprägte und gleichgewichtige Markenstärke bei allen Markenpartnern ist daher Teil der Kooperationsfähigkeit.

H 1.2: Die ausgeprägte und gleichgewichtige Markenstärke der Partnermarken trägt zum Erfolg einer Markenkooperation bei.

2.3 KOOPERATIONSFÄHIGKEIT DES TEAMS

In Anlehnung an Schögel (2006)[100] wird im Folgenden gezeigt, welche Kooperationsfähigkeiten des Kooperationsteams den Kooperationserfolg beeinflussen. Diese Fähigkeiten setzen sich aus fünf sogenannten Teilfähigkeiten zusammen, welche in Abbildung 18 dargestellt sind.

Abb. 18 Wirkungsmodell der Kooperationsfähigkeit des Teams auf den Kooperationserfolg

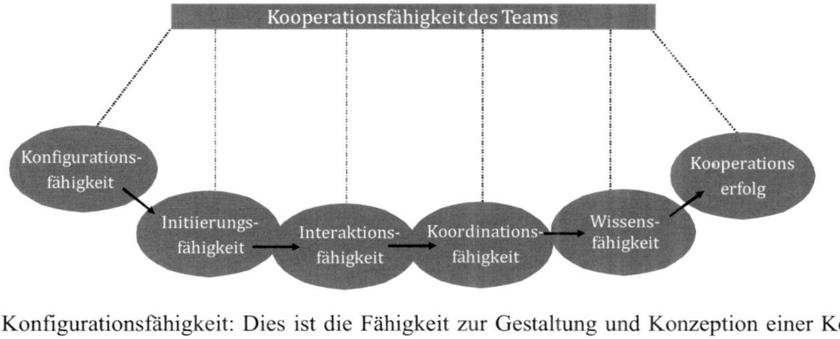

- Konfigurationsfähigkeit: Dies ist die Fähigkeit zur Gestaltung und Konzeption einer Kooperation. Sie beinhaltet die Festlegung des Kooperationsrahmens, der Inhalte, der Aufgabenverteilung, der Dauer sowie der Intensität kooperativer Zusammenarbeit.

[99] Vgl. Jenewein, W., et. al.: „Drum prüfe wer sich bindet…" 03/2007, in: Marketing Review St. Gallen, Fachzeitschrift für Marketing, 03/07, S.35-39; Keldermann, S., a.a.O., S.50.

[100] Vgl. Schögel, M.: Kooperationsfähigkeiten im Marketing, Wiesbaden 2006, S.136-162.

- Initiierungsfähigkeit: Dies ist die Kompetenz zur Verhandlung und Artikulierung der einschlägigen Anreize für eine Kooperation. Dazu zählt außerdem die adäquate Ansprache potentieller Partner.
- Interaktionsfähigkeit: Die Interaktionsfähigkeit stellt gemeinsam mit der Koordinationsfähigkeit den Kern der Kooperationsfähigkeit des Teams dar. Sie beinhaltet den verbalen Austausch der Kooperationspartner zur Kombination der Aktivitäten. Dazu gehören sowohl persönliche Kontakte und die Lösung und Moderation von Entscheidungs- und Problemprozessen, als auch die Bereitschaft zur Anpassung interner Prozesse und der Aufbau neuer Prozesse zwischen den Kooperationspartnern.
- Koordinationsfähigkeit: Sie wird benötigt, um komplexe Abläufe zu vereinfachen und Doppelarbeit aufgrund von Informationsdefiziten zu verringern. Es geht auch darum, Beziehungsstrukturen zwischen den Partnern zu festigen und auf das gemeinsame Zielvorhaben auszurichten. Distanzen, ob räumlich, sachlich, zeitlich oder persönlich, werden reduziert, indem Verantwortlichkeiten klar definiert werden und eine Prozessroutine sowie Normen etabliert werden.
- Wissensfähigkeit: Die Wissensfähigkeit impliziert das Generieren gemeinsamen Wissens, genauso wie die Weitergabe, der Austausch und die Nutzung von Erfahrungen, welche sich im Rahmen der Markenpartnerschaft entwickeln. Es gilt nicht nur gemeinsam im Prozess sondern auch gegenseitig voneinander zu lernen und nach abgeschlossener Kooperation wichtige Erfahrungen zu verarbeiten und in zukünftigen Kooperationen sinnvoll einzusetzen.

Die Kooperationsfähigkeit des Teams stellt den dritten hier zu erwähnenden Erfolgsfaktor innerhalb der Kooperationsfähigkeit für den Kooperationserfolg dar. Resultierend ergibt sich folgende Hypothese:

H.1.3: Die Kooperationsfähigkeit des Teams
trägt zum Erfolg einer Markenkooperation bei.

Im Wesentlichen setzt sich die für Markenkooperationen benötigte Fähigkeit zu Kooperation auf einen Blick aus der Kooperationsfähigkeit der Marke, des Unternehmens und des Teams im Kooperationsprojekt zusammen. Die Markenstärke als Erfolgsfaktor für Kooperationen im

Marketing wurde bereits in mehreren Studien belegt[101]. Gemeinsam mit der Kooperationsfähigkeit des Unternehmens und der eingebundenen Teams, zählt die Kooperationsfähigkeit der Marke zu den notwendigen Voraussetzungen für einen Kooperationserfolg von Markenkooperationen.

Abb. 19 Fähigkeit zur Kooperation als Voraussetzung des Kooperationserfolges

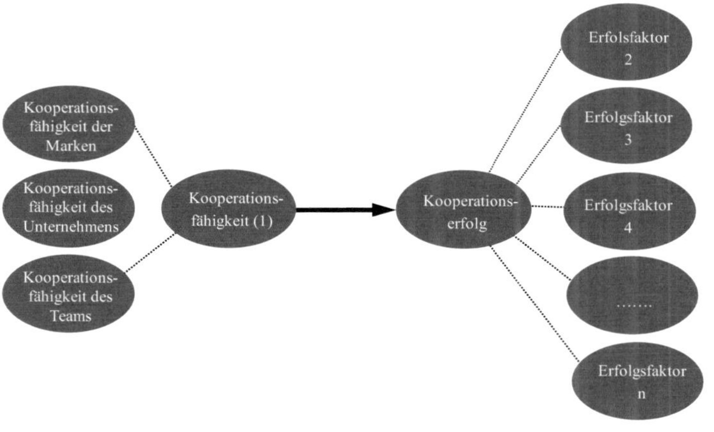

Ausgehend von der Fähigkeit zur Kooperation als Dachfaktor für die Kooperationsfähigkeit der Marke, des Teams und des Unternehmens, wird sich im Folgenden anhand zugrundeliegender Befragungsergebnisse auf mögliche noch unbekannte Erfolgsfaktoren für Markenkooperationen konzentriert. Diese Faktoren lassen sich in zeitlicher Reihenfolge in den Rahmen eines Implementierungs- und Managementprozesses für Markenkooperationen innerhalb der Phasen Konzeption, Implementierung und Management einordnen. Zunächst werden jedoch bisherige Studienergebnisse aus der Erfolgsfaktorenforschung vorgestellt.

3 ERGEBNISSE BISHERIGER STUDIEN ZU ERFOLGSFAKTOREN

Die bisherigen Erkenntnisse zu potentiellen Faktoren welche den Erfolg einer Markenkooperation beeinflussen, können in drei Gruppen unterteilt werden. Das sind zum einen die Charakteristika der beteiligten Marken, die Beziehung zwischen den beteiligten Marken und

[101] Vgl. Echterling et. al.: Die Erfassung der Markenstärke und des Markenpotenzials als Grundlage der Markenführung, McKinsey & Company, Arbeitspapier Nr.2, 2002, S.1-42.

schließlich die Wirkung des Marketing-Mix auf die Kundenbeurteilung der Markenkooperation.

Im Bereich der Charakteristika beteiligter Marken im Kooperationsgespann, sind die Qualitätsassoziationen der Konsumenten zu einzelnen Marken erfolgsweisend für die Bewertung des Kooperationsprodukts. Außerdem zeigt bereits die Kompetenz welche den einzelnen Attributen zugesprochen wird, welche Kompetenz letztendlich diesen Attributen als Teil der Markenkooperation zugetraut werden würde.[102] Variablen, welche die Beziehung zwischen Partnermarken ausdrücken, sind der Produkt-Fit, die Markenstärke,[103] der Image-Fit, der Zielgruppen-Fit und die Komplementarität der Marken[104]. Je höher auf diesen Ebenen der Fit zwischen Partnermarken eingeschätzt wird, umso positiver wird die Markenkooperation gesamthaft bewertet.

Diese und weitere Fit-Faktoren werden im Laufe dieses Kapitels genauer betrachtet. Eine dritte Gruppe der untersuchten Erfolgsfaktoren betrifft die Wirkung des Marketing-Mix auf die Kundenbeurteilung der Markenkooperation. Diese wird entscheidend durch den Werbegefallen beeinflusst.[105]

Außerdem ist an dieser Stelle ebenfalls die Markeneinstellung und das „Involvement" bezüglich der Partnermarken zu nennen, welche Einfluss auf die Einstellung zur Kooperation und damit auch zum Erfolg nehmen. Als „Involvement" kann dabei die Intensität der Beziehung eines menschlichen Wertesystems zu einem Objekt wie beispielsweise einem Markenartikel verstanden werden. Personen mit starkem „Involvement" haben demnach feste Einstellungen gegenüber dem Markenartikel. Sind Personen schwach „involviert", haben sie eine nur gering ausgeprägte Einstellung und Wertehaltung gegenüber dem Markenartikel. Dabei sind nicht unbedingt die Produkteigenschaften selbst ausschlaggebend für den Grad des „Involvement", sondern die persönliche Bedeutung, welche den Eigenschaften des Artikels beigemessen wird.[106] Je höher das „Involvement", umso mehr ist der Konsument motiviert selbst auf Informationssuche zu gehen, beziehungsweise Information aufzunehmen, sie zu verarbeiten und sich zu erinnern.[107]

[102] Vgl. Huber, J.-A., a.a.O., S. 34-40.
[103] Vgl. Baumgarth, C.: Markenpolitik – Markenwirkungen-Markenführung-Markencontrolling, Wiesbaden 2008, S.196-202.
[104] Vgl. Jenewein, W. et al., a.a.O., S. 35-39.
[105] Vgl. Scharnowski, F.: Co-Branding als Markenstrategie, Berlin 2006, S. 67.
[106] Vgl. Apsler, R., Sears, D. O., 1968, S.162, zitiert nach Huber, J.-A., a.a.O., S.86.
[107] Vgl. Rothschild, M. L., 1984, S.216; Trommsdorf, V., 2002, S.56, zitiert nach Huber, J.-A., a.a.O., S.86.

Dem Thema der Markeneinstellung nahmen sich auch Huber und Vogel (2007)[108]an. Sie erklären, dass die Einstellung die der Konsument zu den Partnermarken vertritt, auch auf das Produkt der Markenkooperation übergeht. Einfluss auf die Markeneinstellung hat neben dem funktionalen Nutzen des Produkts und der Produktästhetik auch die Selbstkongruenz, worunter der Vergleichsprozess zwischen dem Selbstkonzept und der Markenpersönlichkeit zu verstehen ist.[109]Ebenfalls Einfluss auf die Markeneinstellung hat die Markenbeziehungsqualität. Mit diesem Begriff verbinden Huber und Vogel die Dimensionen Bindung, Intimität, Zufriedenheit sowie Liebe und Leidenschaft, da sie den individuellen Wunsch nach sozialer Bezogenheit symbolisieren. Je intensiver die Kundenbindung zu einer Marke, umso größer empfindet der Konsument den Mehrwert, welcher ihm die Marke verschafft.[110] In diesem Kontext ist wiederum auch die „Anchoring-, und Adjustment"-Theorie zu berücksichtigen. Wie bereits in Kapitel (B) beschrieben, dient eine Partnermarke hierbei als sogenannter Anker, während die anderen Marken zur Adjustierung der Beurteilung des Markenimages beitragen.

3.1 KOMPLEMENTARITÄT

Markenkooperationen, bei denen sich die Imagedimensionen der Partnermarken ergänzen, sind erfolgsversprechend. Beispielsweise ergänzt sich die Marke *Godiva*, welche mit Attributen wie Genuss versehen ist, besonders gut mit *Slim-Fast,* eine Marke die ausschließlich für Lebensmittel mit geringem Kalorien- und Fettgehalt steht. Es wurde trotz widersprüchlicher Markenwerte festgestellt, dass die Komplementarität der Marken stärker für eine Erfolgswahrscheinlichkeit sprechen als die auseinandertriftenden Markenimages gegen sie. Diese Hypothese bestätigten die Autoren Shocker et. al. (1996)[111] anhand des *Slim-Fast cakemix by Godiva*. Hier steht die Marke *Slim Fast* als Ankermarke im Vordergrund, *Godiva* dient als moderierende Marke und hebt damit das Image des Produkts, welches nunmehr für eine kalorienarme Kuchen-Backmischung mit gutem Geschmack steht, anstatt nur für kalorienarm oder lecker aber kalorienreich. Durch diese Komplementarität scheint ein attraktiveres Eigenschaftsprofil der Markenkooperation zu entstehen als es bei einem reinen Markentransfer innerhalb einer Marke oder einer Produktkategorie der Fall wäre.[112] Durch die Einbringung eigenständiger sich ergänzender Produkt- oder Markenkompetenzen wird also für den Konsu-

[108] Vgl. Huber, F., Vogel, J.: Co-Branding – Markenstrategie der Zukunft, Köln 2007, S.55f.
[109] Vgl. dieselben, a.a.O., S.59 f.
[110] Vgl. Huber, F., Vogel, J., a.a.O., S.61 f.
[111] Vgl. Shocker, A.D., et.al.: Composite Branding Alliances, in: Journal of Marketing Research, 1996, Vol. 33, Nr.4, S. 453-466.
[112] Vgl. Shocker, A.D., et.al., a.a.O.,S. 818.

menten ein Zusatznutzen generiert, welcher das Kooperationsprodukt im Vergleich zu den Einzelprodukten hervorhebt.

3.2 MARKEN-FIT

Unter Fit ist das Ergebnis eines Vergleichsprozesses zwischen zwei Konstrukten zu verstehen, den ein Individuum anstellt, um zu beurteilen, wie gut die Konstrukte zusammenpassen.[113] Beim Marken-Fit stellen die Markenimages der Allianzpartner genannte Konstrukte dar.[114] Ein Marken-Fit kann sich beispielsweise aus einer ähnlichen Positionierung hinsichtlich des Preis- oder Qualitätsniveaus ergeben.[115] Das „Involvement" des Kunden hängt hiermit direkt zusammen. Bei geringem „Involvement" wird der potentielle Kunde auch mit erhöhten kognitiven Anstrengungen eine starke Markeninkongruenz nicht lösen können und unzufrieden oder frustriert auf die Markenallianz reagieren. Ein hoher Marken-Fit vermittelt dem Kunden ein einleuchtendes Gespann und selbst bei niedrigem „Involvement" kann die Markenkombination noch als positiv empfunden werden. Besteht ein hohes „Involvement", kann eine Markenkooperation mit moderatem Fit auch zu guten Beurteilungen führen, da dieser stimulierend wirkt und einen Überraschungseffekt beim Konsumenten bewirkt.[116] Simonin und Ruth bestätigen bereits 1998, dass ein hoher Markenfit eine bedeutend bessere Beurteilung der Kooperationsleistung bewirkt.[117] Ebenfalls kann Huber (2005)[118] anhand eines empirischen Modells den positiven Einfluss des Marken-Fits auf die Einstellung zur Markenkooperation belegen, welche hochsignifikanten Einfluss auf die Kaufentscheidung nimmt.

3.3 WERBEGEFALLEN

Die Markenanordnung, die in Abschnitt (B) beschrieben wurde, nimmt Einfluss auf das Imageprofil des Markenkooperationsprodukts. Gemeinsam mit dem Werbeslogan und der Größe der Markenlogos ist sie für den Werbegefallen verantwortlich, der laut Baumgarth (2003)[119] wesentlichen Einfluss auf die Beurteilung der Markenkooperation und den Marken-Fit nimmt. Slogans haben das Ziel Assoziationen beim Konsumenten zu aktivieren, die zu einer Verbindung vom Markenkooperationsprodukt zum ursprünglichen Produkt oder der

---

[113] Vgl. Huber, F., Vogel, J., a.a.O., S.63.
[114] Vgl. Decker, R., Schlifter, J. M., 2003, S.5. zitiert nach Huber, F., Vogel, J., a.a.O.S.63.
[115] Vgl. Scharnowski, F., a.a.O., S.54.
[116] Vgl. Huber, F., Vogel, J., a.a.O., S.63f.
[117] Vgl. Simonin, B. L., Ruth, J. A.,: Is a company known by the company it keeps? in: Journal of Marketing Research, 1998, Vol.35, Nr. 1., S.35-42.; Lafferty, B. A., et. al., a.a.O., S.514.
[118] Vgl. Huber, J.-A., a.a.O., S.158 f.
[119] Vgl. Baumgarth, C.: Wirkungen des Co-Branding, S.377ff., S.387, S.391.

Einzelmarke führen. Wird diese Verbindung aufgebaut, wird die Kooperation positiver beurteilt.[120] Trifft der Wortlaut des Slogans für alle beteiligten Marken zu, führt dies durch die Erklärung des Zusammenhangs der Marken zu einem höheren Markenfit und Werbegefallen. Bestätigen konnten das beispielsweise Tests zu den Marken *Nescafé* und *Snickers*. Der Slogan *„Genießen Sie ihn nicht allein. Der Nescafé-Cappuccino mit dem nussig-süßen Snickers-Geschmack*" wurde als *„zu beiden Marken passend"* identifiziert, während der Slogan: *„Für die italienischen Momente im Leben. Der neue Nescafé-Cappuccino mit der Snickers-Note."* wesentlich stärker der Nestle-Marke *Nescafé* zugeordnet wurde. Bei erstgenanntem Slogan wurden daher in den Kategorien Marken-Fit, Werbegefallen und Einstellung zum Kooperationsprodukt bedeutend bessere Beurteilungen erzielt.[121]

Es ist anzunehmen, dass die Marke des größeren Verpackungslogos häufig als Ankermarke dient, da sie wahrscheinlich zuerst wahrgenommen wird. Gleichzeitig beeinflusst die dominierende Marke die Preisbereitschaft der Konsumenten, was Baumgarth und Wachendorf nachwiesen.[122] Beispielsweise lag bei einer Markenkooperation zwischen *Lego* und *Milka* bei einer Dominanz von *Lego* auf der Verpackung die Kaufbereitschaft höher, als bei einer Dominanz von *Milka*, da die Schokoladenmarke automatisch einem niedrigeren Preissegment zugeordnet wird.[123]

3.4 ZIELGRUPPEN-FIT

Die Zielgruppenüberschneidung bildet einen Erfolgsfaktor für Markenkooperationen, da häufig nur dann die Marke für die Kunden der Partnermarke verhaltensrelevant ist. Schwierig gestaltet sich eine Kooperation dann, wenn ein Partner eine sehr spezifische Zielgruppe besitzt. Die Zielgruppe des *Ford Ka,* welche sich hauptsächlich aus jungen, weiblichen Kundinnen zusammensetzt, hat beispielsweise wenig gemeinsam mit den Abnehmern der *K2* Produkte, deren Zielgruppen-Altersstruktur vom Kinder- bis zum Jugendlichen-Alter reicht und eine hohe Affinität zu Sport aufweist. Dem Käufer des *Ford Ka* würde kein ersichtlicher Zusatznutzen entstehen.[124] Der Zielgruppen-Fit ist meist schon aus dem Produktkonzept ableitbar, reicht jedoch nicht aus um diese genau zu definieren. So haben zwar *Porsche* und *VW* durch ihre Produktebene eine Gemeinsamkeit, aufgrund ihres individuellen Images und ihrer Positi-

---

[120] Vgl. Boush, D. M., 1993, S 67f; Pryor, K., Brodie, R. J., 1998, S.497-502, zitiert nach Scharnowsi, F., a.a.O., S. 65.

[121] Vgl. Baumgarth, C.: Wirkungen des Co-Branding, S.339-344.

[122] Vgl. Baumgarth, C., Wachendorf, F, 2002, S78, zitiert nach Scharnowski, F., a.a.O., S.66.

[123] Vgl. Baumgarth, C.: Wirkungen des Co-Branding, S-326-333.

[124)] Vgl. Baumgarth, C.:Markenpolitik – Markenwirkungen-Markenführung-Markencontrolling, S.201.

onierung sprechen die beiden Automobilmarken jedoch völlig unterschiedliche Zielgruppen an. Der Zielgruppen-Fit muss also gesondert überprüft werden. Ein Abgleich kann beispielsweise an Größen wie Berufsprofil, Nettohaushaltseinkommen, Mediennutzung, Konsumverhalten oder Freizeitinteressen der Kunden oder aber durch die Markenwerte der potentiellen Markenpartner vorgenommen werden.

Martin Fischer, Leitung Nationale- Internationale Kooperationen/Fahrzeugpool, Porsche Deutschland GmbH zu dieser Thematik:

„Weniger ist die Markenbekanntheit der Partnermarke ausschlaggebend für die Partnerwahl, vielmehr spielt das Kundensegment der Partnermarke eine Rolle, dieses muss genau selektiert sein und darf möglichst keine Streuverluste zur potentiellen Porsche Zielgruppe ergeben."

Eine absolut deckungsgleiche Zielgruppe ist jedoch nicht anzustreben, da sonst keine potentiellen Neukunden angesprochen werden könnten. Vielmehr sollte die Affinität der Zielgruppen auch Raum zur Ausweitung der eigenen Zielgruppe lassen, was häufig durch den Zugang zur Partnerzielgruppe möglich wird.

3.5 PRODUKT-FIT

Um die Markenkooperation gegenüber der Zielgruppe glaubwürdig erscheinen zu lassen, müssen die kombinierten Produktkonzepte zueinander passen. Nach Baumgarth (2001)[125] sind dabei vor allem die *Produkteigenschaften* und die *Nutzungssituation* der Produkte abzugleichen. Dies ist in Anlehnung an Esch (2008)[126] jedoch nicht uneingeschränkt zu übernehmen, denn sind die Produktkategorien potentieller Markenpartner zu ähnlich, ist anstatt der Kooperation auch eine Markendehnung möglich. So könnte vermutet werden, dass *Milka* die Produktion eines Schokoladenkekses selbst bewerkstelligen kann. Ob eine Allianz mit einer Keksmarke wie *Leipniz* zu einer eindeutigen Imageverbesserung oder höherer Produktakzeptanz führen würde und damit den erhöhten Kooperationsaufwand rechtfertigt, ist unklar. Daraus lässt sich schließen, dass der Produkt-fit weder zu hoch sein sollte, um einen eindeutigen Unterschied zum ursprünglichen Produkt zu erkennen, aber auch nicht zu gering, damit die Marken und eventuell ursprüngliche Produkteigenschaften vom Kunden wiedererkannt werden. Ein mittlerer Produkt-fit bietet hingegen das Potential die ergänzenden Funktionen der Marken zu unterstützen. Bisher thematisierte Erfolgsfaktoren stellen eine Auswahl der in der Literatur häufig erwähnten, sogenannten Erfolgsfaktoren für Markenkooperationen dar.

---

[125] Vgl. Baumgarth, C.: Markenpolitik – Markenwirkungen-Markenführung-Markenforschung, S.134.
[126] Vgl. Esch, F.-R.: Strategie und Technik der Markenführung, S.449.

Huber und Herrmann näherten sich der Thematik 2006 aus der Management-Perspektive und erwiesen außerdem die

- strategische Heterogenität einer Markenkooperation,
- die Ressourcenakkumulation während der Kooperation und
- die Nicht-Artikulierbarkeit von entwickeltem Wissen

als weitere Erfolgsfaktoren.[127] In Abbildung 20 werden bisher bestätigte Erfolgsfaktoren in der Übersicht dargestellt.

Abb. 20 Kooperationsfähigkeit und bisher belegte Erfolgsfaktoren

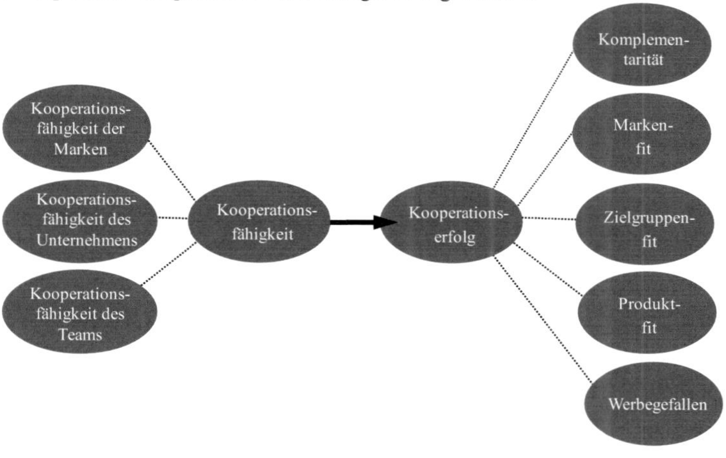

Innerhalb der Experteninterviews für diese Arbeit wurden die Kooperationsverantwortlichen nach der Wichtigkeit des Fit einiger kooperationsrelevanter Größen im Bezug auf den potentiellen Partner befragt. Die aussagekräftigsten Kategorien werden im Folgenden vorgestellt und können die Liste bereits bestehender notwendiger Fit-Faktoren zu Kooperationspartnern sowohl bestätigen als auch ergänzen.

Die höchste Priorität der Notwendigkeit eines Fit erzielten die Faktoren Markenimage, Commitment des Kooperationsteams und Markenbekanntheit. Markenimage und Markenbekanntheit bestätigen den Erfolgsfaktor des Markenfit. Das Commitment ist ein neuer Faktor, der sich im Verlauf der Untersuchung als ein Erfolgsfaktor herauskristallisiert hat und noch in diesem Kapitel genauer betrachtet wird. Die Faktoren Unternehmensgröße, Organisations-

[127] Vgl. Huber, F., Herrmann, A.: Organisationale Erfolgsfaktoren von Markenallianzen, 2006, S. 86-104, online im Internet: Forschungsplattform Alexandria, Universtität St. Gallen: URL: http://www.alexandria.unisg.ch/Publikationen/31128 [Zugriff am 01.03.2009].

struktur und Rechtsform der Partnerunternehmen erbrachten die niedrigsten Werte im Bezug auf die Notwendigkeit eines Fit. Der Kooperationsansprechpartner der Berenbergbank und Jörg Englerth, (Best Western Hotels Deutschland GmbH) stellten die Wichtigkeit des Fit in diesen Bereichen jedoch in den Vordergrund.[128]

Abb. 21 Priorisierung von Fit-Faktoren

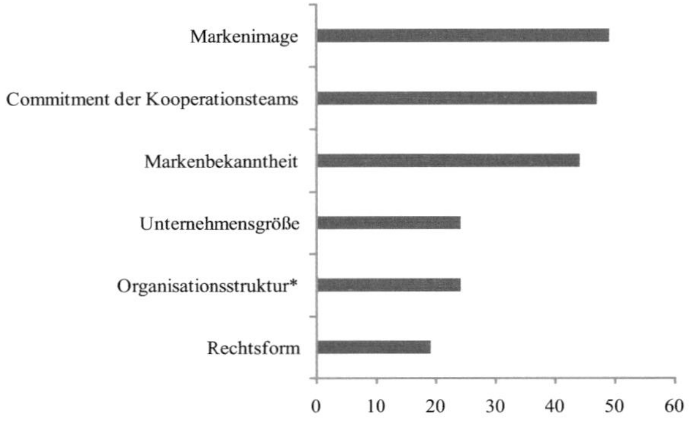

Abbildung 21 zeigt sowohl die drei Bereiche in denen ein Fit stark erbeten wird als auch die drei Faktoren der Auswahl in denen der Fit geringste Priorisierung erhielt.

4 POTENTIELLE NEUE ERFOLGSFAKTOREN AUF DEN EBENEN KONZEPTION, IMPLEMENTIERUNG UND MARKENKOOPERATIONS-MANAGEMENT

4.1 KONZEPTION

Da die Befragungen, welche dieser Arbeit zugrunde liegen, vorwiegend mit Unternehmen geführt wurden, die sich im höher- bis hochpreisigen Segment positionieren, sind Hypothesen für mögliche neue Erfolgsfaktoren vor allem Firmen ähnlicher Positionierung dienlich. Es wird aus dem Blickwinkel von Unternehmen mit einem starken Kundenbezug argumentiert, die anstelle des „Gießkannenprinzips"[129] eine genaue Vorauswahl der potentiellen Kunden beziehungsweise Zielgruppe treffen, welche sie mit Markenkooperationen erreichen möchten.

[128] Vgl. Anhang III, Interview 4 : Jörg Englerth, Best Western Hotels Deutschland GmbH.
[129] Vgl. Anhang III ,Interview 1: Frank Schlaack und Sylvia Loeber, Sunseeker Germany AG.

H2: Das Antizipieren von Trends trägt zum Erfolg einer Markenkooperation bei.

„Wenn man den perfekten Partner schon findet, bevor er im Premium-Segment angesiedelt ist, muss man zuschlagen, da kurze Zeit später dann viele Marken Schlange stehen."

Martin Fischer, Leitung Nationale- Internationale Kooperationen/Fahrzeugpool, Porsche Deutschland GmbH.

Die oben stehende Aussage verdeutlicht die Bedeutung der frühen Identifikation potentieller Partner bereits in ihrer Entwicklung. Martin Fischer erklärt, dass gerade im Premium-Segment grundsätzlich nur sehr wenige Partner in Frage kämen[130] und wenn ein sehr guter Fit vorhanden sei, meist auch andere konkurrierende Markenhersteller interessiert sind. So gibt es heute nicht nur die *Porsche* Winter- und Lifestyle Metropole Ischgl, in der mehrere so genannte *Porsche*-Kooperationshotels anzutreffen sind, sondern auch vergleichbare *BMW-*, *AUDI-*, oder *Mercedes*-Winter-Domizile wie beispielsweise Kitzbühel und Winterthur.

Beobachtet man die Entwicklung von Kooperationskonzepten, scheint die Orientierung an aktuellen Trends hohes Erfolgspotential zu besitzen. So liegt durch den aktuellen Trend gesunder Ernährung und Lebensweise[131] das Thema Kochen nahe.

Beim Kooperationsevent zwischen *Porsche, Sunseeker* und *Moët Hennessy* im Mai 2008, siehe dazu Abbildung 22, nahmen geladene Kunden neben den Yacht- und Porschefahrten auch begeistert an einem Kochkurs mit Holger *Stromberg* teil, dem Koch der deutschen Fußball Nationalelf.[132]

Abb. 22 Kooperationsevent zwischen *Porsche, Sunseeker* und *Moët Hennessy*

Quelle: Agentur K3 Pool, Köln.

[130] Vgl. Anhang III ,Interview 7: Henrik Ekdahl , Richemont Northern Europe GmbH; Interview 12: Thomas Baum, Moët Hennessy Deutschland GmbH.

[131] Vgl. Bundesvereinigung der Deutschen Ernährungsindustrie e.V., Eichner Lisboa., Dr. S., online im Internet: URL: http://www.bve-online.de/presseservice/bve_aktuell/aktuell_071012/consumers_choice_anuga07/%5B [Zugriff am 16.01.2009].

[132] Vgl. Anhang III ,Interview 3: Martin Fischer, Porsche Deutschland GmbH.

H3: Die Auswahl der richtigen Kooperationslokation und des passenden Umfelds trägt zum Erfolg einer Markenkooperation bei.

„Für die Zukunft wissen wir, machen wir nur noch Events auf dem Wasser oder auf einer Messe, dort wo das Umfeld zum Thema Yachten passt."

Frank Schlaack, Geschäftsführung Sunseeker Germany AG.

Auf die Frage was eine Kooperation zum Scheitern veranlassen kann, antwortete Herr Schlaack, Vorstand der Sunseeker Germany AG, dass eine hohe Wahrscheinlichkeit für ein Scheitern besteht, sofern aus der Kooperationsaktivität *„nicht das Minimum an Output für die Kooperationspartner"* zu ziehen ist. Dies sei der Fall, wenn die Rahmenbedingungen das persönliche Testen des Produkts nicht zulassen. Ein Sportwagen könne beispielsweise bei Regen auf einer Rennstrecke nicht gefahren werden. So kämen die Kunden nicht mit dem Produkt in Berührung und die Emotionalität könne sich nicht auf sie übertragen; die angestrebte Wirkung werde nicht erzielt. Ein Polo Event, bei dem auf dem Land Yachten ausgestellt wurden, erbrachte aus diesem Grund auch nicht die erwünschten Ergebnisse für *Sunseeker*,[133] da das Produkt zwar betrachtet werden konnte, jedoch nicht im Wasser bei Fahrt erlebbar war. Dies zeigt wie wichtig es ist, dass Kooperationsprodukte in einem idealen Umfeld präsentiert werden können, in dem der Kunde sie testen kann und hautnah mit den entsprechenden Produkten in Berührung kommt. Für *Moët Hennessy* ist es beispielsweise essentiell, dass bei einem Auftritt mit Partnern die typische *Moët*-Bar aufgebaut werden kann, um die eigenen Produkte Corporate Design-gerecht präsentieren zu können. Ist dies nicht der Fall, sei der hochwertig professionelle Auftritt der Marke nicht gewährleistet.[134]

H4: Die Erlebbarkeit trägt zum Erfolg einer Markenkooperation bei.

„Man muss den Kunden dort erreichen, wo er auf emotionaler Ebene am zugänglichsten ist, das ist in seiner Freizeit."

Martin Fischer, Leitung Fahrzeugpool, Nationale- & internationale Kooperationen, Porsche Deutschland GmbH.

[133] Vgl. Anhang III, Interview 1: Frank Schlaack und Sylvia Loeber, Sunseeker Germany AG

[134] Vgl. Anhang III ,Interview 12: Thomas Baum, Moët Hennessy Deutschland GmbH.

Der Kooperationsverantwortliche der Porsche Deutschland GmbH konzentriert sich in seiner Arbeit hauptsächlich auf sogenannte Target Leisure Kooperationen. Das heißt, Porsche Deutschland versucht potentielle Kunden in ihrer Freizeit an besonderen Orten wie zum Beispiel in Luxushotels auf einer emotionalen Basis anzusprechen. In Momenten, in denen häufig auch die Familie oder der Ehepartner involviert sind, welche laut Herrn Fischer oft wichtige Entscheidungsträger sind. Dies bestätigen auch Frank Eberling und Horst Robertz (PricewaterhouseCoopers),[135] sie gehen sogar noch einen Schritt weiter und betonen, *„dass kaufrelevante Entscheidungen im Familienumfeld häufig von Nichtkäufern entschieden werden.*“ Sie zeigen auf, dass die Erlebniskomponente nach Kundenbindungsmaßnahmen wie Rabattsystemen und Bonusprogrammen einen wachsenden Wert für den Kunden hat. Durch den Einbezug von Familie und Kindern kann das Unternehmen bereits zu den Kunden von morgen eine Beziehung aufbauen und damit langfristige Kundenloyalität fördern.

Die Erlebbarkeit der Marke ist auch im Jahrbuch 2008 für Strategie und Praxis der Markenführung vertreten; der Point of Sale entwickelt sich zunehmend zum *„Point of Experience“*. In Erlebniswelten wie dem *Mercedes Benz* Museum, dem *Nivea* Haus oder der visionären Bankfiliale Q110 der *Deutschen Bank* in Berlin, werden alle fünf Sinne der Gäste angesprochen. Ziel ist hierbei nicht direkte Erlöse zu generieren, sondern den Kontakt zur Zielgruppe herzustellen, oder wie Martin Fischer (Porsche Deutschland GmbH)es ausdrückt: *„Den Sympathisanten zum Interessenten zu machen*“.[136] Während ein TV Spot eher passiv und nur bisensuell erlebt werden kann, bieten Erlebniswelten die Möglichkeit des aktiven Teilhabens durch die Interaktion mit dem Produkt und den Markenrepräsentanten. Die Besucher lassen Farben und Formen des Markendesigns, Oberflächen, für haptische Eindrücke, Düfte und Musik auf sich wirken. Diese Erlebnismomente schaffen Kundenvertrauen und fördern die Markenloyalität.[137] Im *Nivea* Haus in Hamburg werden auch Anwendungen, Massagen und kosmetische Behandlungen angeboten, welche bereits im Vorfeld monatelang ausgebucht sind.[138] Warum hier nicht als Partnermarke einsteigen? Ein möglicher Markenpartner wäre die Medisana AG.[139] Ein Unternehmen, welches Massagegeräte für den Privatgebrauch herstellt.

---

[135] Vgl. Eberling, F., Robertz, H.: Durch Emotionalität den Kunden erreichen, PriceWaterhouse Coopers 2002, online im Internet: URL: http://www.competencesite.de/crm.nsf/fbfca92242324208c12569e4003b2580/4658647fec97ea49c1256bb80054aa44!OpenDocument[Zugriff am 20.03.2009].

[136] Vgl. Anhang III ,Interview 3: Martin Fischer, Porsche Deutschland GmbH.

[137] Vgl. Kilian, K.: Markenhersteller als Erlebnisgestalter, Frankfurt am Main 2008, S.197-203.

[138] Vgl. Kilian, K., a.a.O., S. 200.

[139] Vgl. Medisana AG, online im Internet: URL: http://www.medisana-service.de/produkte/massage/index.html

Werden *Nivea* Produkte in Zukunft mit der Marke *Medisana*, welche für Professionalität und Gesundheit steht, in Verbindung gebracht, könnte dies einen starken gegenseitigen Nutzen erzeugen. *Nivea* würde die Kompetenz im Bereich kosmetischer Massageprodukte zugeschrieben werden, während *Medisana* Zugang zu einem enormen potentiellen Kundenkreis erhielte.

Das Besondere an hautnah erlebbaren Markenkooperationen ist neben den Erlebniswelten, welche sich an einen uneingeschränkten Sympathisanten- beziehungsweise Kundenkreis richten, die Möglichkeit der gezielten Ausrichtung der Kooperationsinhalte, wodurch sich Streuverluste weitestgehend vermeiden lassen. Von Kunden, welche der Einladung zu einem Erlebnis wie einem Kundenevent von *Porsche* und *Sunseeker* folgen, ist auszugehen, dass sie in gewissem Maße an den Produkten der Markenpartner interessiert sind. Das nötige Involvement ist demnach vorhanden. Ein kleiner Kreis präzise ausgewählter Kunden bietet außerdem die Möglichkeit einer exzellenten individuellen Betreuung und des Aufbaus einer persönlichen Beziehung, welche für Unternehmen, die sich im Luxusgütersegment positionieren, von sehr hoher Bedeutung ist. Laut Herrn Schlaack ist „*die „Vorarbeit" der wichtigste Teil. Das Aussuchen der qualifizierten Teilnehmer ist zu 80% erfolgsweisend*[140],woraus die folgende Hypothese resultiert:

> H5: Die Eingrenzung der Zielgruppe macht ein stark zugeschnittenes Angebot möglich, beides trägt zum Erfolg einer Markenkooperation bei.

4.2 IMPLEMENTIERUNG

> H6: Die Etablierung langfristiger Kooperationen trägt zum Erfolg einer Markenkooperation bei.

„Ich glaube man sollte sich vor One-Shots hüten, wenn man eine starke Marke hat. Zum einen, weil man sehr viel Zeit in die Zusammenarbeit investiert und diese nur einmal zu nutzen ist eigentlich kontraproduktiv. Hau-Ruck Aktionen passen nicht in die Luxusbranche. Eine

[Zugriff am 20.02.2009].

140 Vgl. Anhang III, Interview 1: Frank Schlaack und Sylvia Loeber, Sunseeker Germany AG.

gewisse Kontinuität zu wahren ist wichtig. Man sucht eigentlich nach langfristigen Partnern, auch wenn die Marken immer separat wahrnehmbar sein sollten."

Henrik Ekdahl, Richemont Northern Europe GmbH.

„Eintagsfliegen [...] bringen meistens nichts, da die Nachhaltigkeit einen hohen Stellenwert hat und sich solche (Pay-back)-Systeme erst in den Köpfen der Kunden etablieren müssen. Kunden müssen erst lernen, dass Best Western mit an Boot sitzt und welche Vorteile daraus zu ziehen sind."

Jörg Englerth, Verkaufsleitung Touristik, Best Western Hotels Deutschland GmbH.

Langfristige Kooperationen machen eine Standardisierung der Prozesse zwischen den Kooperationspartnern möglich. Dadurch, dass Prozesse durch Routinen immer effektiver werden, können Synergien mit der Zeit immer besser ausgeschöpft werden.[141] Dies bestätigt die Kooperationsverantwortliche der Porsche Lizenz- und Handelsgesellschaft mbH & Co. KG.[142] Die Porsche Design Group setzt auf Lizenzierung, eine Form der Markenpartnerschaft, welche meist langfristige Partnerschaften impliziert. Sie berichtete von der Zusammenarbeit mit *adidas* als Lizenzpartner. Für die Zusammenarbeit wurde beispielsweise ein Team aus Experten beider Unternehmen zusammengestellt, welches im Porsche Design Studio gemeinsam Kollektionen entwirft. Aus Erfahrung weiß sie: *„[...] Durch das langjährige Zusammenarbeiten stellt man sich aufeinander ein und kann sich gegenseitig befruchten. Die Kollektionen von Porsche Design werden von Saison zu Saison besser."*

Diese Zusammenarbeit spiegelt einen kontinuierlichen Lernprozess wieder. Mit dem Wissen, das jedes Unternehmen aktiv in die Zusammenarbeit einbringt, kann das Sportwissen von *adidas* sowie deren Produktfunktionalität mit der Designkomponente von *Porsche Design* kombinbiert werden.[143] Grundsätzlich wird man mit langfristigen Partnern höhere Risiken eingehen können als innerhalb eines losen Kooperationsgespanns. Beispielsweise stellt der aktive Austausch von Know-how, der bei kurzfristigen Kooperationen meist noch nicht praktiziert wird, einen elementaren Vorteil langfristiger Kooperationen dar. Wird bewusst für eine

[141] Vgl. Berndt, R., et.al.: Internationales Marketing Management, 3. Auflage, Berlin/ Heidelberg 2005, S.179f.
[142] Vgl. Anhang III Interview 1: Frank Schlaack und Sylvia Loeber, Sunseeker Germany AG, und Interview 9: Kooperationsverantwortung, Porsche Lizenz und Handelsgesellschaft mbH und Co. KG.
[143] Vgl. Anhang III, Interview 9: Kooperationsverantwortung, Porsche Lizenz und Handelsgesellschaft mbH & Co. KG.

Routine im Wissensfluss gesorgt, kann enormer gegenseitiger Nutzen und der Anstoß zu Innovation gegeben werden.

Langfristige Kooperationen sind auch dann nützlich, wenn sich zwei Marken nicht von Beginn an stark verbinden möchten, wie das bei *American Express* und *Moët Hennessy* der Fall war. Um sich „kennenzulernen" wurden anfangs erst einige unverbindliche Projekte gemeinsam organisiert und als sich ein Erfolg herausstellte, intensivierten sich die Beziehungen. Seit 2002 sind *American Express* und *Moët Hennessy* nun erfolgreiche Markenpartner.[144]
Jörg Englerth (Best Western Hotels Deutschland GmbH), stellt die Wichtigkeit der langfristigen Kooperation in den Vordergrund, da Konsumenten ebenfalls einen „Lernprozess" durchlaufen bis sie

- ein Produkt wahrgenommen haben (Attention),
- ihr Interesse geweckt ist (Interest),
- sie schließlich den Kaufwunsch hegen (Desire) und
- diesen auch in die Tat umsetzen (Action).

Dadurch ergibt sich eine zeitliche Verschiebung, auch „time lag" genannt, zum Kauf.
Als Happy Digits-Kunde ist die Auswahl der Zusatzangebote zudem sehr groß. 13 Kooperationspartner, darunter die Best Western Hotels, stehen mit ihren Produkten oder Services für die Einlösung gesammelter Digits zur Auswahl. Damit sich die Kunden dem persönlichen Nutzen, welcher aus dem Megabrand-Angebot zu ziehen ist, bewusst werden, wird laut Herrn Englerth eine gewisse Vorlaufphase benötigt.
Der Kooperationsverantwortliche (Richemont Norhern Europe GmbH) stellt heraus, dass der Aufbau von Markenkooperationen erheblichen Zeitaufwand und personellen Einsatz erfordert und sich aus diesem Grund der Aufwand für eine einmalige oder zeitlich kurzfristige Markenkooperation nicht lohnt und sogar kontraproduktiv sein kann. Oliver Kempfer, (ProSieben/Sat1 Media AG) vergleicht den Nutzen von Markenkooperationen mit dem von klassischer Werbung:
„Mit ausreichend finanziellen Mitteln erreicht man mit klassischer Werbung und relativ geringem Humanressourcen-Aufwand einen viel höheren Output als mit Kooperationen, denn hier ist mehr personeller Einsatz und ein hoher Zeitaufwand erforderlich."

144 Vgl. Anhang III, Interview 12: Thomas Baum, Moët Hennessy Deutschland GmbH.

H7: Die Etablierung eines kooperativen Teams aus Experten und einer „Home Base" trägt zum Erfolg einer Markenkooperation bei.

„Sie brauchen Spezialisten, das können Sie nicht herunterreißen indem Sie sagen, ich habe hier einen Kooperationsmanager und der kümmert sich um alle Belange, die den Kooperationspartner und eigene Belange betreffen. Sie müssen da mit einem Team aufgestellt sein. Sie brauchen einen Kommunikations-Spezialisten, sie brauchen einen Produktmanager dazu und jemanden, der sich um das Tagesgeschäft kümmert[...]."

Jörg Englerth, Verkaufsleitung Touristik, Best Western Hotels Deutschland GmbH.

„Das Team sollte sich aus Mitgliedern beider Marken zusammensetzen. Jeder Seite muss klar sein, was gemeinsam erreicht werden soll und das der eigene Weg dafür etwas verlassen werden muss. Ehrlichkeit, Offenheit, Präzision, Verlässlichkeit, Kommunikationsfähigkeit und klarer Ausdruck sind elementar, damit keine abweichende individuelle Interpretation möglich ist."

Christina Leucht, Produktmanagerin Information und Magazine ProSieben/Sat1 Media AG.

Diese Hypothese sagt grundsätzlich aus, dass sich das Kooperationsteam im Idealfall aus Experten beider Unternehmen zusammensetzt und in jedem Unternehmen eine „Home Base" etabliert wird, um den Kooperationsmanager zu unterstützen. Als „Home Base" versteht sich die organisatorische Einheit im Hintergrund des Kooperationsmanagers und der Produkt- und Kommunikationsmanager. Die Personen, welche die „Home Base" bilden, können als Ansprechpartner fungieren, wenn der Vorgesetzte nicht zu erreichen ist und damit Warteschleifen, sowohl innerhalb des Kooperationsteams, als auch für externe Anfragen verhindern. Ein wichtiges Aufgabegebiet ist außerdem das Beschwerdemanagement, welches gerade bei den Best Western Hotels ausschlaggebend für die Wichtigkeit der „Home Base" ist.[145]

Die Aufgabe von Produkt- und Kommunikationsmanagern ist es, sich um die Produktentwicklung und die Kommunikationsmaßnahmen im Rahmen der Markenkooperation zu kümmern. Der Teamleiter wiederum sollte die Gesamtverantwortung des Kooperationsprojekts

[145] Vgl. Anhang III Interview 4: Jörg Englerth, Best Western Hotels Deutschland GmbH.

tragen und sich seine Meinung nach Absprache mit den sachkundigen Mitarbeitern bilden. Die Rolle des Teamleiters wird im Folgenden der Kooperationsmanager tragen.[146]

Das Projektteam von *Porsche Design* und *adidas* dient an dieser Stelle als Beispiel. Die Produktmanager beider Unternehmen kennen nicht nur die eigenen Produkte, sondern auch die Produktgruppe des Partners sehr gut, in diesem Beispiel das Sportsegment beziehungsweise die Luxusgüterbranche. Dadurch können mögliche gemeinsame Entwicklungen abgeleitet werden.

Marcus Fischer (Audi AG) und Martin Fischer, (Porsche Deutschland GmbH) bekräftigen, dass sich das Kooperationsteam aus unterschiedlichen Charakteren diverser Stärken zusammensetzen sollte.[147] Martin Fischer zufolge, verbindet sich hiermit grundsätzlich auch eine gesteigerte Kreativität.[148] Diese ist notwendig für die Konzeption von Innovationen, betont Kathrin Schmitz (RTL2 Fernsehen mbH & Co. KG).[149] Ein Team, welches über eine längere Dauer zusammenarbeitet, hat nicht nur den Vorteil, dass Routinen entstehen, Prozesse schneller ablaufen und somit bessere Leistungen erzielt werden können, sondern sind auch essentiell, da Wissen welches über die Zeit aufgebaut wird, nicht immer artikulierbar ist.[150] Ständig wechselnde Ansprechpartner verwirren eventuell den Partner in der Zusammenarbeit und geben kein nachhaltiges Bild an die Öffentlichkeit beziehungsweise zukünftige Kooperationspartner ab. Die Glaubwürdigkeit und das professionelle Erscheinungsbild des Kooperationsprojekts werden demnach durch feste Ansprechpersonen gesteigert.

4.3 MANAGEMENT

H8: Das Commitment des Kooperationsteams trägt zum Erfolg einer Markenkooperation bei.

Das Commitment zum Kooperationsprojekt hat verschiedene Facetten und beginnt bereits bei dem Stellenwert, den das Thema Markenkooperationen im einzelnen Unternehmen einnimmt. Abbildung 23 zeigt, dass sich bereits in dieser qualitativen Befragung eine starke Divergenz

[146] Vgl. Anhang III Interview 4: Jörg Englerth, Best Western Hotels Deutschland GmbH.
[147] Vgl Anhang III Interview 2: Marcus Fischer, AUDI AG; Interview 3: Martin Fischer, Porsche Deutschland GmbH.
[148] Vgl Anhang III ,Interview 3: Martin Fischer, Porsche Deutschland GmbH.
[149] Vgl Anhang III Interview 10: Kathrin Schmitz, RTL2 Fernsehen mbH & Co. KG.
[150] Vgl. Huber, F, Herrmann, A., a.a.O.,S.90.

im Bezug auf den Stellenwert ergab. Jeweils drei Unternehmen ordnen das Kooperationsthema in den Kategorien „Randthema“, „Randthema Tendenz steigend“, „Zentrales Planungsthema für On-Top Erlöse“ und „Zentrales Planungsthema für Umsatzziele“ ein.

Abb. 23 Stellenwert von Markenkooperationen in befragten Unternehmen

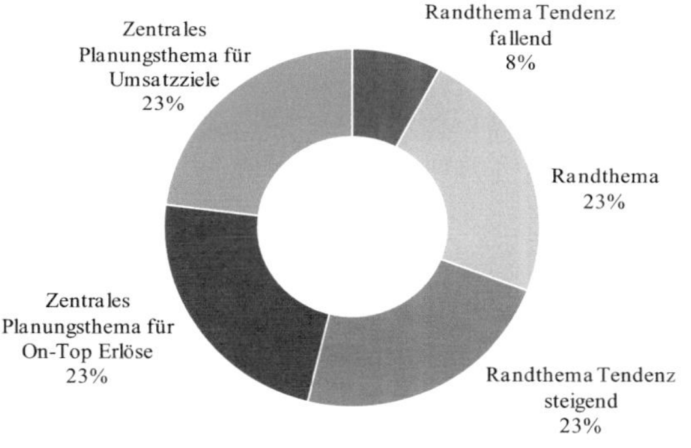

Unterschiede ergeben sich auch hinsichtlich der Unternehmensebenen, auf denen die Verantwortung für Markenkooperationen liegt und welche Positionen mit dem Thema betraut werden. Wichtig sei laut der Agentur Noshokaty Döring und Thun, dass immer eine enge Abstimmung mit dem Top-Management möglich sei und dass die Thematik fokussiert in einem Team bearbeitet würde. Seien diese Kriterien erfüllt, könne die Verantwortung für Markenkooperationen sowohl beim Top-Management, in der Marketing Abteilung, oder in einer Fachabteilung liegen.[151]

Die zugrundeliegende Befragung zeigt, dass Markenkooperationen hauptsächlich einer Position in der Marketing Abteilung zugeordnet werden und weniger eine spezielle Fachabteilung für die Thematik ins Leben gerufen wird. Siehe dazu Abbildung 24.

Abb. 24 Verantwortungsbereiche für Markenkooperationen in befragten Unternehmen

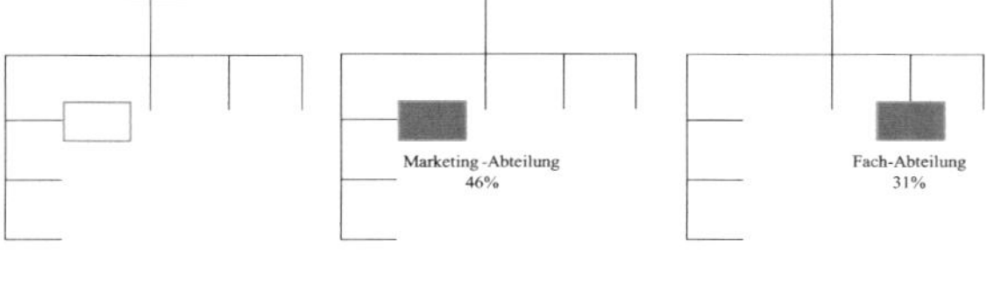

[151] Vgl. Döring, J., et.al., a.a.O., Berlin 2007.

Die sehr unterschiedliche Verwurzelung des Themas bei deutschen Unternehmen ist außerdem mit einem Blick auf die Positionsbeschreibungen der Verantwortlichen schnell zu erkennen, die im Anhang III zur Einführung der Experteninterviews nachzulesen sind.

Betrachtet man die Anzahl der Personen, welche sich an Markenkooperationsprojekten beteiligen, so zeigt die Befragung, dass sich dem Kooperationsprojekt hauptsächlich ein oder zwei Personen widmen. Hierbei kann jedoch noch nicht von einem vollständigen Team im Sinne des idealtypischen Kooperationsteams gesprochen werden. Dem Erfolgsfaktor „Kooperationsteam“ wurde daher bisher kaum Aufmerksamkeit geschenkt. Unter Commitment ist schließlich auch das Implementieren eines vollständigen Kooperationsteams zu verstehen. Abbildung 25 zeigt die aus der Befragung hervorgegangenen Daten für die Anzahl der Personen im Kooperationsteam. Die naheliegende Frage, ob die Unternehmensgröße in Zusammenhang mit der Gewichtung des Themas, oder der Anzahl der Personen im Kooperationsteam stehen könnte, lässt sich eindeutig verneinen. Befragt wurden hauptsächlich Firmen einer Unternehmensgröße von 50 bis 200 Mitarbeitern, welche völlig unterschiedliche Gewichtung an das Thema Markenkooperationen legen. Dies gilt sowohl bezüglich des Stellenwerts, als auch der Personenanzahl in Markenkooperationsprojekten. Siehe dazu Abbildung 26.

Abb. 25 Anzahl beteiligter Personen an Markenkooperationsprojekten

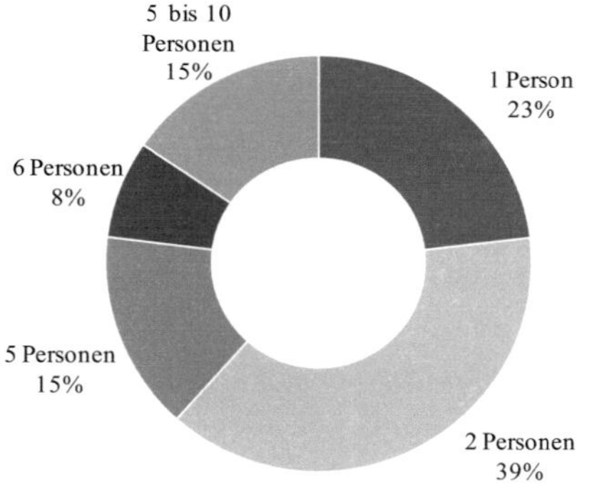

Abb. 26 Größe befragter Unternehmen

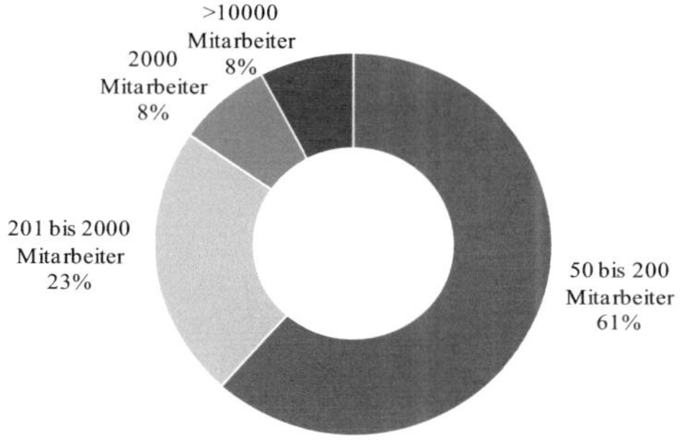

Generell drückt der Begriff Commitment aus, dass Partnerteams die gleiche professionelle Arbeitsweise pflegen und auch ähnlich viel Aufwand, nicht nur hinsichtlich der finanziellen Beteiligung am Projekt, sondern auch hinsichtlich der durch das Personal investierten Zeit aufbringen. Dazu gehört das Engagement, das Projekt im eigenen Unternehmen voranzutreiben und Entscheidungswege möglichst kurz zu gestalten, fristgerecht Informationen zu liefern und Termine und Meetings einzuhalten. Das Verständnis mit den Ansprechpartnern als ein großes Team zu fungieren, welche alle zum selben Ziel hinarbeiten, drückt Herr Englerth (Best Western Hotels Deutschland GmbH) in einer Metapher aus:

„Als Kooperationspartner sitzt man in einem Boot und jeder hat ein Ruder. Doch wenn einer schneller rudert als der andere, dreht man sich im Kreis."

Dieses Zitat bezieht sich zum einen darauf, dass jeder Partner nicht mehr oder weniger von der Kooperation profitieren sollte als der andere, und zum anderen, dass die Bereitschaft zur Mitwirkung gleich hoch sein muss. Betreibt ein Partner das Projekt nur nebenbei, während andere viel Aufwand dafür in Kauf nehmen, wird er irgendwann auf Unverständnis stoßen. Dies gilt für den kompletten Verlauf der Kooperation. Commitment heißt auch, das Verständnis und das Einfühlungsvermögen für den anderen Partner aufzubringen, falls sich beispielsweise Entscheidungsprozesse aus Gründen der internen Unternehmensprozesse verzögern. Auch diese Verzögerungen müssen im Managementprozess beachtet werden. Markenkooperationen haben das Potential dazu, dass beide Partner vom Wissen, den Prozessen oder auch den Produkten des anderen lernen können, findet jedoch kein Wissensfluss statt und wird dies nicht deutlich unterstützt, so werden Lern- und Verbesserungschancen möglicherweise blockiert. Commitment bedeutet deshalb auch, sowohl ein bewusstes Wissensmanagement zu betreiben, als auch das Zugeständnis, nach der Partnerwahl nötige interne Daten zu teilen. Abbildung 27 zeigt vorgestellte Erfolgsfaktoren ausgehend von der Kooperationsfähigkeit und entlang der Phasen Konzeption, Implementierung und Management.

Abb. 27 Übersicht von Erfolgsfaktoren zwischen Konzeption und Management

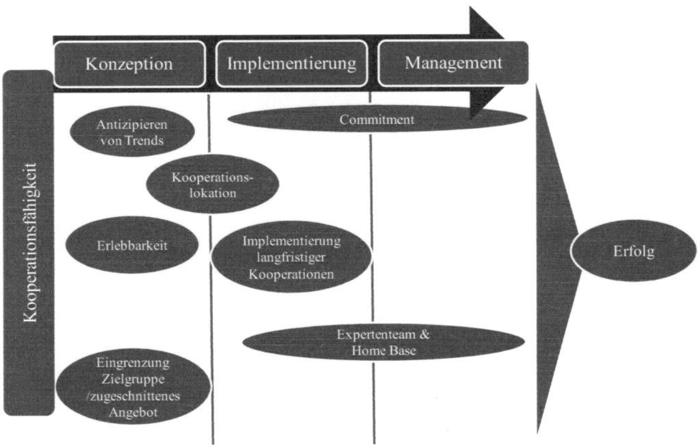

5 WECHSEL DES BLICKWINKELS: VON DER UNTERNEHMENS- ZUR KONSUMENTENPERSPEKTIVE

Für ein umfassenderes Verständnis von Markenkooperationserfolg, muss ausgehend von der rein sendeorientierten Betrachtung der Unternehmen, welche ihren Schwerpunkt auf die Zielbestimmung und die Strategieentwicklung sowie Implementierung von Markenkooperationen legen, auch die Kundenperspektive analysiert werden.[152] Der Konsument entscheidet durch sein Marktverhalten über den Erfolg oder Misserfolg von Markenkooperationen und seine Perspektive sollte daher bei allen Überlegungen zu Erfolg und Management von Markenkooperationen betrachtet und analysiert werden.

Um die Konsumentenperspektive genauer zu beleuchten, wurden im Rahmen dieser Arbeit an zwei Orten Kundenbefragungen durchgeführt. Zum einen bei einem *Porsche* Kooperationspartner in Ischgl, dem *5* Hotel Trofana Royal* und zum anderen bei dem *Porsche* Cayenne

[152] Vgl. Redler, J., a.a.O., S.4f.

Visibility Partner *Best Western Hotel Rebstock zu Würzburg*. Dem *Hotel Trofana Royal* wird seitens *Porsche* ein Cayenne Modell als Shuttle für die Gäste und zu Repräsentationszwecken zur Verfügung gestellt. Das *Hotel Rebstock* bietet neben diesem Shuttle auch Programmabende an („Cayenne Dinner") zu denen die Gäste im Cayenne zu Hause abgeholt werden oder auch selbst fahren dürfen. Im Hotel wird den Gästen ein speziell auf den Cayenne-Pfeffer abgestimmtes Dinner serviert.

Insgesamt wurden 16 qualitative Interviews mit Kunden geführt. Ziel war es herauszufinden, ob sie die Kooperation der Markenpartner als sinnvoll empfinden und ein Fit zwischen den Markenpartnern besteht. Außerdem wurde danach gefragt, was die Gäste an der Markenkooperation besonders positiv empfinden, und ob sich das Markenimage der Marke *Porsche* beziehungsweise der des *Hotels Trofana Roya*l oder des *Hotels Rebstock* durch die Kooperationsaktivität für sie änderte.

Der Marken-Fit wurde von allen Befragten bestätigt. Auf die Frage was die Gäste als besonders positiv empfanden antworteten 13 von 16 Interviewpartnern, dass sie das Angebot des Shuttles sehr positiv empfinden, vor allem durch die Erlebbarkeit des Produkts. Die Gäste des *Hotels Rebstock*, welche auch das Angebot erhielten selbst zu fahren, stellten dies besonders heraus. Vier Gäste wünschten sich ausdrücklich Programmerweiterungen und schlugen vor, Tagesausflüge oder Winterfahrprogramme vom Hotel aus anzubieten.

Die direkte Frage ob sich das Image einer der Markenpartner durch die Kooperation ändere, zum positiven oder negativen, wurde dreimal mit „Ja" beantwortet. Es wurde jeweils den Hotels ein Imagegewinn zugesprochen. Es ist an dieser Stelle jedoch anzumerken, dass dieses Ergebnis rein artikulierbare Antworten widerspiegelt. Es ist daher anzunehmen, dass Labortests, welche sich mit nicht artikulierten Reaktionen auseinandersetzen, zu anderen Ergebnissen führen könnten.

Durch die Konsumentenperspektive lässt sich das Potential des erlebbaren Kooperationsprodukts als Erfolgsfaktor bestätigen. Das meistgenannte Markenkooperationsziel „Imagegewinn", konnte jedoch nur zu 19% für je einen Partner durch die Konsumenten bestätigt werden. Da an dieser Stelle nicht weiter auf die Untersuchung der Konsumentenperspektive eingegangen werden kann, ist auf Redler (2003)[153] zu verweisen, der sich der Thematik im Speziellen annahm.

[153] Redler, J.,: Management von Markenallianzen, Eine Analyse unter besonderer Berücksichtigung der Urteilsbildung der Konsumenten, Berlin 2003.

Mit den Erkenntnissen zur Thematik der Erfolgsfaktoren, wird im Anschluss auf den Prozess von Konzeption bis hin zum Management von Markenkooperationen eingegangen. Unternehmen, welche an dem Modell der Markenkooperation interessiert sind, müssen sich ihrer Kooperationsfähigkeit, die ihres Unternehmens, ihrer Marke und des Teams bewusst sein. Sie sollten das Commitment zeigen nicht nur eine Person für das Thema zu gewinnen, sondern ein mehrköpfiges Team etablieren und bereit sein, langfristige Partnerschaften einzugehen.

Bevor begonnen werden kann potentielle Partner zu suchen ist die gründliche Vorbereitung auf die Markenkooperation, genauso wie das genaue Eingrenzen der eigenen Zielgruppe und der Zielsetzung, erfolgsweisend für das Projekt. Das Antizipieren von Trends und damit der Beobachtung des Marktes und der Wettbewerber ist genauso essentiell wie selbstverständlich. Der aktuelle Trend dem Kunden ein Erlebnis zu bieten, ist unbedingt gemeinsam mit der richtigen Kooperationslokation zu verbinden. Das Kooperationsprodukt, beziehungsweise das eigene Produkt im Kooperationsprojekt, sollte immer in seinem Element erlebbar sein. Vor allem die Überprüfung des ausreichenden Fits zum Markenpartner und das Commitment aller Partner bis zum Projektende stellen wichtige Komponenten für den Managementprozess der Markenkooperation dar. Abbildung 28 stellt alle Erfolgsfaktoren im Überblick dar.

Abb. 28 Bereits bestehende Erfolgsfaktoren und neue Erfolgsfaktoren im Überblick

Bereits bestehende Erfolgsfaktoren	
1	Komplementariät der Partnermarken
2	Marken-Fit
3	Werbegefallen
4	Zielgruppen-Fit
5	Produkt-Fit
Hypothesen für neue Erfolgsfaktoren	
H 1.1	Die Kooperationsfähigkeit des eigenen Unternehmens
H 1.2	Die Kooperationsfähigkeit des Teams
H 1.3	Die ausgeprägte und gleichgewichtige Markenstärke der Partnermarken
H 2	Das Antizipieren von Trends
H3	Die Auswahl der Kooperationslokation und des Umfelds
H4	Die Erlebbarkeit der Markenkooperation
H5	Die Eingrenzung der zu erreichenden Zielgruppe und ein stark zugeschnittenes Angebot
H6	Die Etablierung langfristiger Markenkooperationen
H7	Die Etablierung eines kooperativen Teams aus Experten und einer Home Base
H8	Das Commitment des Kooperationsteams

D IMPLEMENTIERUNG UND MANAGEMENT VON MARKENKOOPERATIONEN

Die Studie von Noshokaty, Döring und Thun (2007)[154], in der Führungskräfte über die möglichen Gründe für ein Scheitern von Marketingkooperationen befragt wurden, zeigte alarmierende Ergebnisse. Zwei von drei Marketingkooperationsbestreben in Deutschland erzielen keine positiven Ergebnisse, obwohl die Bedeutung von Kooperationen im Marketing von 90% der 108 befragten Unternehmen als steigend beurteilt wurde. Die Befragung deckte auf, dass viele Unternehmen keine systematische Herangehensweise einsetzen und in den wenigsten Unternehmen eine Erfolgsmessung für Kooperationsaktivitäten stattfindet, wodurch ein zielorientiertes Management von Kooperationen erschwert wird. Die häufigsten Gründe für ein Scheitern von Kooperationsbestrebungen sind der Studie mit Zustimmung der Noshokaty, Döring und Thun GmbH entnommen:

- Mangelnde Ressourcen und mangelnde Kontinuität in der Projektbetreuung (73%)
- Kein echter Nutzen für den Endkunden (63%)
- Unzureichende Vorbereitung (57%)
- Zu geringe Berücksichtigung beidseitiger Marketingzielsetzungen (50%)
- Mangelnder „Fit" der Partner (50%)

Auch die dieser Arbeit zugrundeliegende Befragung zeigte, dass die Herangehensweise an die Thematik und Erfolgskontrolle der Markenkooperation sehr unterschiedlich ausgereift ist. Aus diesem Grund soll den Entscheidungsträgern der Markenartikelindustrie eine Hilfestellung geboten werden, welche sich von den ersten Schritten der Situationsanalyse und Konzeption über die Implementierung bis hin zum Management von Markenkooperationen erstreckt. Zunächst werden bereits bestehende Ansätze zum Managementprozess von Markenkooperation in einer Übersicht in Abbildung 29 zusammengefasst.

[154] Vgl. Döring, J., et.al., a.a.O., Berlin 2007.

Abb. 29 Übersicht bereits bestehender Ansätze

Name	Jahr	Titel	Aussage
Rao und Rueckert	1994	Brand Aliances as Signals of Product Quality	Ermittlung eines potentiellen Nutzens einer Markenkooperation im Hinblick auf die Kundenpräferenz
Binder	1996	Brand Alliances - Wie Marken noch wachsen	Abschätzung des Kooperationserfolges anhand von vier Prüfkriterien
Schütz und Kroth	2000	Neue Kraft für Marken	Ermittlung eines Attraktivitätsindex der Kooperationseignung potentieller Partner anhand von sieben Schritten
Decker und Schlifter	2001	Dynamische Allianzen	Richtige Partnerwahl als Determinante des Kooperationserfolgs sowie Identifikation verschiedener Prüfkriterien
Keller	2003	Strategic Brand Management	Markenbekanntheit als Voraussetzung der Kooperationsfähigkeit sowie logischer Fit zwischen den Marken
Redler	2003	Management von Markenallianzen	Entwicklung eines sechs-Stufenmodells zur Kooperationsimplementierung
Esch	2008	Strategie und Technik der Markenführung	Analyse des Markenfit verschiedener Produktkategorien anhand von Globaleinschätzungen

1 KONZEPTION

1.1 INTERNE ANALYSE

Zunächst ist zu prüfen, ob das eigene Unternehmen, das Kooperationsteam und die für die Kooperation bestimmte Marke, über die nötige Kooperationsfähigkeit verfügen. Um die geeignete Ausrichtung der eigenen Unternehmung für eine Markenkooperation zu untersuchen, kann auf eine Checkliste zurückgegriffen werden.[155]

Im Bezug auf die herausgestellten Erfolgsfaktoren ist es ratsam ein Kooperationsteam aus Personen aller Partnerunternehmen zusammenzustellen. Abbildung 30 stellt ein Kooperationsteam dar, welches sich in Anlehnung an die in Kapitel (C) angeführten Ausführungen als idealtypisch zeigt, wobei die Größe der „Home Base“ je nach Projektumfang variieren kann.

[155] Vgl. Anhang II: Checklisten, Abb. 52.

Abb. 30 Idealtypisches Kooperationsteam

Eigenschaften, die eine kooperationsfähige Person mitbringen sollte, unabhängig von der Position im Kooperationsteam, sind das Produkt- und das Fachwissen, auch für die Produktgruppe der potentiellen Partnermarke, die Fähigkeit zu interdisziplinärem Denken, sowie die Fähigkeit zu Innovation und Abstraktion und nicht zuletzt eine ausgeprägte Kommunikationsfähigkeit, damit der Informationsfluss zwischen den Partnern gefördert wird und Informationen den Partner zum richtigen Zeitpunkt und auf eindeutige Weise erreichen. Hierdurch sollen Fehlinterpretationen zwischen den Partnern im Voraus ausgeschlossen werden.[156]

Die zweite Dimension der Kooperationsfähigkeit ist die Markenstärke. Sie spiegelt sich, wie in Kapitel (B) beschrieben, in der Markenbekanntheit und dem Markenimage wieder. Falls Informationen zu diesen Faktoren nicht oder nur in unzulänglicher Form vorliegen, sollten sie durch die Ergebnisse qualitativer Analyseverfahren ergänzt werden. Im nächsten Schritt (3. Dimension), sollte das Transferpotential der Marke untersucht werden, welches Auskunft über den Grad der Markenähnlichkeit oder der Unterscheidung zur potentiellen Partnermarke liefert. Zum Großteil wird das Transferpotential vom Imageaspekt der Marke gesteuert. Wie in Kapitel (B) dargelegt, besitzt ein produktgeprägtes Image meist nur geringes Transferpotential, wohingegen nutzen- oder erlebnisgeprägte Images einen Markentransfer in entfern-

[156] Vgl. Anhang III, Interview 11: Oliver Kempfer, Pro7/ Sat 1 Media AG.

tere Bereiche zulassen. Imageanalysen, Positionierungsmodelle oder Markenwertanalysen wie der „Brand Asset Valuator" von *Young und Rubicam*[157] können zur Ermittlung des Transferpotentials herangezogen werden. Nicht zuletzt sollte zur internen Analyse auch die eigene Zielgruppe genau definiert werden, wozu die Sinus-Milieustudien herangezogen werden können.[158] Hierbei erfolgt eine Betrachtung nicht nur demographischer Merkmale, wie Alter, Einkommen oder Beruf, sondern auch psychografischer Faktoren wie Einstellung oder Lebensstil. Genau diese Informationen können die zukünftige Bedürfnisstruktur der eigenen Verbrauchergruppe aufdecken.[159] Je nach Markenkooperationsprodukt sind auch technologische und fertigungsbezogene Fähigkeiten, finanzielle Ressourcen und das nötige Fachwissen wichtige Determinanten, welche im Vorfeld abzustimmen sind. Zum Einen ist eine Markenkooperation häufig eine zusätzliche Investition und findet ein Co-Branding statt, spielen die Produktionsmöglichkeiten häufig eine zentrale Rolle zur Erstellung des neuen, gemeinsamen Produkts.

1.2 EXTERNE ANALYSE

Die Determinanten, welche die markenstrategischen Entscheidungen mitgestalten, lassen sich in die Bereiche Markt, Konkurrenz und Struktur der Distribution unterteilen. Marktspezifische Faktoren zielen dabei beispielsweise auf Informationen zu Größe, Altersstruktur, Sättigungsgrad und Entwicklungspotential des Zielmarktes. Es soll ermittelt werden, ob die Marktsituation Chancen für das Unternehmen bereithält und ob sie für Markenkooperationen Raum lässt. Eng hiermit verbunden ist die Wettbewerbssituation. Neben der Anzahl und Marktmacht der Konkurrenz besitzt vor allem die Positionierung und das Angebotsportfolio der Wettbewerber Aussagekraft.[160] Hierdurch kann für zukünftige eigene Angebote bewusst eine Differenzierung vorgenommen werden.

Der Distributionsfaktor stellt die dritte Determinante der externen Analyse dar. Wie bereits in der Vorstellung möglicher Ziele für Markenkooperationen erwähnt, kann über die Partnermarke die Möglichkeit bestehen in neue Distributionsbereiche vorzudringen, welche die Einzelmarke nur durch erheblichen Aufwand erreicht hätte. Dem Unternehmen der Marke *Bailey's* ist es beispielsweise gelungen, über das Co-Branding mit *Coppenrath & Wiese* in Tortenform ins Kühlregal zu gelangen. Ähnliche Schritte unternahmen auch die Marken *Milka*,

---

[157] Vgl. Advico Young & Rubicam: http://www.brandassetvaluator.com.au/[Zugriff am 02.03.2009].
[158] Vgl. Anhang I: Abbildungen, Abb. 50.
[159] Vgl. Kunze, F. H., a.a.O., S.8.
[160] Vgl. Kunze, F. H., a.a.O., S.8.

Batida, *Toblerone* oder *Lavazza*, die jeweilige Geschmackslieferanten für das *Langnese* Eis *Cremissimo* waren.[161]

Abb. 31 Co-Brandung zwischen *Bailey's* und *Coppenrath & Wiese*

Quelle: Online im Internet: URL: http://www.coppenrath-wiese.de/154.php [Zugriff am 12.03.2009].

Breiter gefasst sind die geografischen Distributionsstrukturen der Eintritt in eine neue geografische Region oder eine Branche durch bereits etablierte Distributionskanäle des Partners. Die Analyse der Distributionsstrukturen gibt daher Auskunft über interessante, unerschlossene Platzierungsmöglichkeiten und für die Markenkooperation nutzbare Distributionskanäle.

1.3 INDIVIDUELLE ZIELDEFINITION

Ausgehend von der Situationsanalyse, welche die Basis weiterer Kooperationsentscheidungen darstellt, ist eine Person im Unternehmen zu bestimmen, die zunächst die Verantwortung für das Projekt übernimmt, die mit dem Projekt verknüpften Fachabteilungen informiert und das Thema im Unternehmen vorantreibt und verteidigt. Anschließend werden die Ziele und Risiken eruiert, welche mit der Markenkooperation für das eigene Unternehmen grundsätzlich erreicht beziehungsweise vermieden werden sollen. Es kann sich hierbei um ökonomische sowie außerökonomische Ziele beziehungsweise Risiken handeln. Die eigene Zieldefinition besitzt zu diesem Zeitpunkt noch keine definitive Gültigkeit, erst in Abstimmung mit den späteren Partnerunternehmen können die letztendlich gültigen Ziele für das Projekt festgelegt werden. Sie ist aber notwendig, um im Gespräch mit dem Partner den eigenen Standpunkt und die Absichten für die Zusammenarbeit so genau wie möglich darlegen zu können. Dadurch wird auch die Wahrscheinlichkeit von Missverständnissen zwischen den Partnern verringert. Bereits zu diesem Zeitpunkt können die Erfolgsfaktoren für Markenkooperationen hilfreiche Hinweise liefern. Zum Bereich der Konzeption gehört das frühzeitige Antizipieren von Trends, das Ermöglichen erlebbarer Kooperationsmaßnahmen und die Auswahl einer eingegrenzten Zielgruppe.

[161] Vgl. Unilever Deutschland GmbH, online im Internet: URL: www.cremissimo.de [Zugriff am 02.03.2009].

Das Prüfen des Erreichens ökonomischer Zielinhalte wird in den Unternehmen der zugrundeliegenden Untersuchung beispielsweise mit Hilfe folgender Finanzgrößen bewerkstelligt:

Ökonomische Kenngrößen:

- Zurechenbare Kosten
- Verkaufsvolumen
- Umsatzerlöse

Außerökonomische Kenngrößen:

- Adressrücklauf
- Mediale Abdeckung
- Neukundenzuwachs
- Online Click-Raten

Außer zwei der befragten Unternehmen untersucht jedoch keines die Imageveränderung, welche ihre Marke beziehungsweise ihr Unternehmen durch die Markenkooperation erfährt. Es ist deswegen an dieser Stelle besonders darauf hinzuweisen, dass die Rückwirkungseffekte der Markenkooperation beziehungsweise der Partnermarke auf das eigene Image erhebliche Auswirkungen haben und dem eigenen Markenimage schaden könnten. Beispielsweise ist ein Co-Branding zwischen *Alessi* und *Henkel*, der WC-Spülstein „Fresh-Surfer", mit unbefriedigenden Markenwirkungen ausgefallen. *Alessi*, eine italienische Haushaltsdesignermarke, trug einen Imageschaden aus der Kooperation davon und erfuhr in den Kategorien Attraktivität, Exklusivität, Qualität, Ästhetik und Design Verluste. Gleichzeitig konnte sich *Henkel* vor allem in der Kategorie Qualität zu seiner Einzelmarkeneinschätzung stark verbessern. Grund dafür waren die ungleichen Markenimages und Zielgruppen, welche im Vorfeld nicht auf einen Fit überprüft wurden.[162] Deshalb spielt in Phase zwei der Partnersuche unter anderem der Fit zwischen den Partnermarken und den Zielgruppen eine wichtige Rolle.

2 IMPLEMENTIERUNG

2.1 ERSTELLUNG EINES ANFORDERUNGSPROFILS ZUR PARTNERSUCHE

Das Anforderungsprofil für die ideale Partnermarke ergibt sich aus den eigenen Zielsetzungen und den Erfolgsfaktoren. Wie bereits herausgearbeitet sind die Kompatibilität der Marken, Zielgruppen und etwas nachgeordnet der Produkte enorm wichtig für einen Kooperationserfolg. Ebenfalls von Bedeutung ist die Homogenität der beteiligten Unternehmenskulturen.

[162] Vgl. Jenewein, W., et.al., a.a.O., S. 35-39.

Diese zwei Dimensionen spiegeln sich im Fit-Gedanken wieder. Nachstehend werden mögliche Fit-Analysen für die Faktoren Marken-Fit und Zielgruppen-Fit vorgestellt und im Anschluss der kulturelle Unternehmens-Fit betrachtet.

2.2 METHODEN ZUR ANALYSE DES MARKENFIT

Die dargestellten Modelle konzentrieren sich einerseits auf den Fit-Faktor der Marke, andererseits wird ein Bewertungs-Modell (Scoring) zum Zielgruppenabgleich vorgestellt.

2.2.1 GLOBALE FIT ANALYSE

Eine erste kostengünstige und in einem kurzen Zeitraum durchführbare Variante stellt die Globale Fit Analyse dar. Hierbei handelt es sich um eine Stichprobenbefragung, welche direkt den Fit zwischen einer Marke und dem zusätzlichen Imageträger erhebt. Hierfür wird eine einfache Rating-Skala wie in Abbildung 32 zu sehen ist eingesetzt.Um Reihenfolgeeffekte zu vermeiden, sollte bei jedem Probanden die Anordnung der Imageobjekte geändert werden.

Der Nachteil dieser Variante ist allerdings, dass keine Hinweise auf die Gründe des Fits geliefert werden. Aufgrund der Standardisierung entsteht jedoch hohe Objektivität und durch den kostengünstigen Einsatz kann eine repräsentative Erhebung durchgeführt werden. Das Ergebnis der Globalen Fit-Analyse kann durch Verbindung der Einzelaussagen dargestellt werden. Siehe hierzu Abbildung 33.

Abb. 32 Globale Fit-Analyse mittels einer Rating Skala

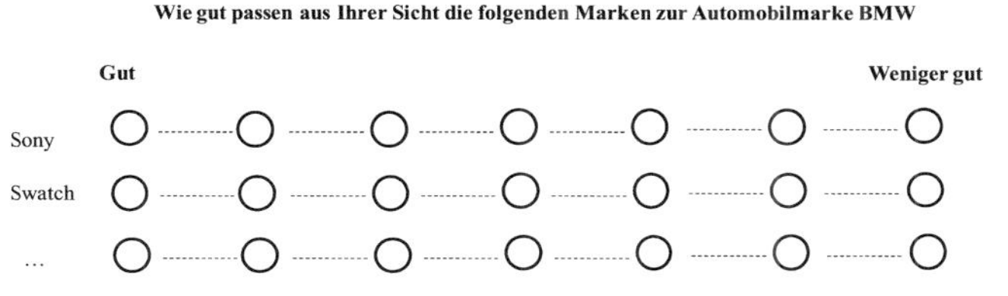

Abb. 33 Ergebnis der Globalen Fit-Analyse

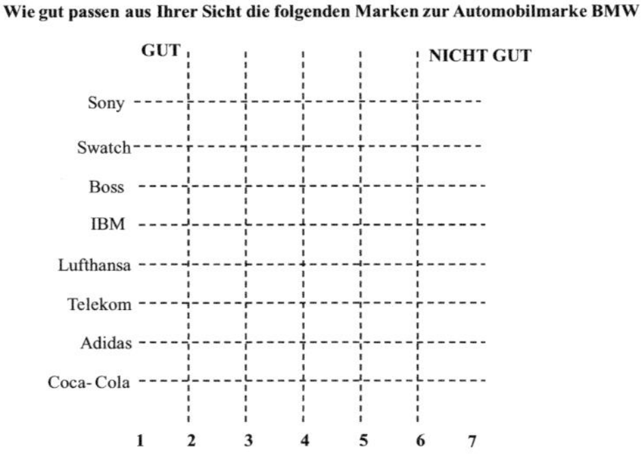

2.2.2 ÄHNLICHKEITSBASIERTE FIT-ANALYSE (MDS)

Auch hier findet die Fit-Messung auf einer ganzheitlichen Ebene statt. Im Gegensatz zur Globalen Fit-Analyse wird jedoch mit Hilfe der Multidimensionalen Skalierung (MDS) versucht, die Gründe für die Ähnlichkeit der Imagewerte zu identifizieren. Die Imageobjekte werden hierfür in einem möglichst niedrig dimensionierten Wahrnehmungsraum (Perceptual Map) positioniert. Anschließend bezeichnet der Anwender entsprechende Dimensionen. Wie zum Beispiel Seriosität, Sportlichkeit, Preis, ecetera. Die Erhebung kann mit zwei beziehungsweise drei Dimensionen oder verschiedenen Sortierverfahren aufgebaut werden. Abbildung 34 zeigt dies im Beispiel.

Abb. 34: Ergebnis der ähnlichkeitsbasierten Fit-Analyse (MDS)

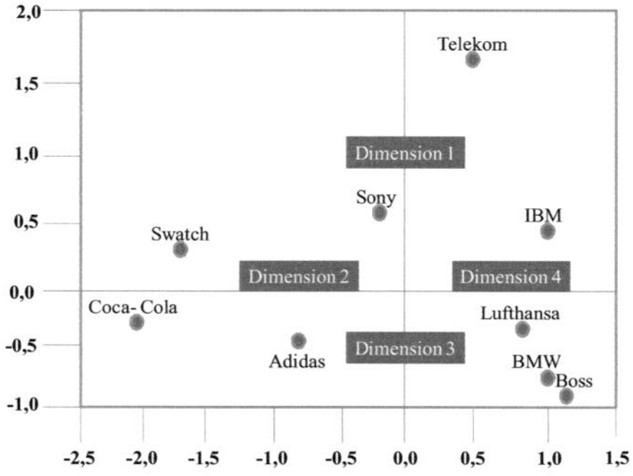

Allerdings beinhaltet auch dieses Verfahren Nachteile:

Die Ähnlichkeitsurteile der Probanden sind nicht identisch mit der Fit-Beurteilung. Das Ergebnis verändert sich in Abhängigkeit zur Fragestellung (Welche Marken sind der Marke *BMW* am ähnlichsten, welche sind am unterschiedlichsten?) und der Art, in der die Einzelmarken den Probanden präsentiert werden (verbale Beschreibung, Fotografie, Original). Ähnlichkeitsbeschreibungen weisen generell nur mittlere Validitäts- und Reliabilitätswerte auf. Punkt zwei und drei gelten auch für die Globale Fit-Analyse. Im Vergleich zu dieser Methode können bei der MDS Analyse jedoch Fitdimensionen identifiziert werden. Damit der Anwender diese Dimensionen bezeichnen kann, muss ein gewisses Qualifikationsniveau vorausgesetzt werden können.

2.2.3 ATTRIBUTBASIERTE FIT-ANALYSE (SEMANTISCHES DIFFERENZIAL*)*

Bei der attributbasierten Messung bewertet der Proband Imageobjekte auf mehreren bipolaren Skalen, die meist siebenstufig ausgerichtet sind. Die Darstellung der Ergebnisse erfolgt durch Mittelwerte in einem sogenannten Polaritätenprofil. In diesem lassen sich mehrere Imageobjekte abbilden, die eine indirekte Ähnlichkeitsbeurteilung zulassen. Die Schwierigkeit bei dieser Methode ist die Bestimmung der relevanten Begriffe (Items), welche die Marken bestmöglich beschreiben könnten. Verschiedene Imageobjekte müssen durch gleiche Items beurteilt werden und diese Voraussetzung ist selten erfüllt.[163] Eine Alternative wäre die Verwendung von abstrakten, für alle Imageobjekte geltenden Item-Batterien, welche von Aaker bereits 1999[164] erstmals veröffentlicht wurden. Folgende fünf Dimensionen mit zugehörigen Einzelitems sind zu differenzieren:

- Aufrichtigkeit (bodenständig, ehrlich, gesund, heiter)
- Erregung/Spannung (gewagt, temperamentvoll, fantasievoll, modern)
- Kompetenz (zuverlässig, intelligent, erfolgreich)
- Kultiviertheit (vornehm, charmant)
- Robustheit (naturverbunden, zäh)

Als Beispiel dient hierzu Abbildung 35 mit Werten von *BMW, Sony* und *Boss*:

[163] Vgl. Baumgarth, C.: Methoden zur Markenfitanalyse, in : Planung und Analyse, 05/2000, S.48-52.
[164] Vgl. Aaker, J.L.: Dimensionen der Markenpersönlichkeit, Wiesbaden 1999, S.91-102.

Abb. 35 Vergleich der Imageprofile von *BMW, SONY und BOSS*

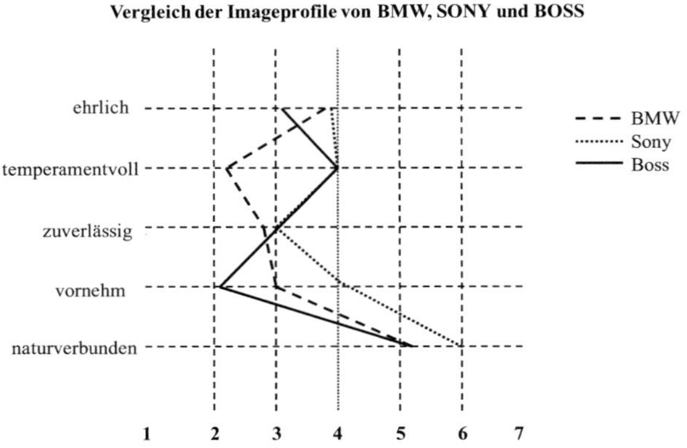

Methodisch weist die Fit-Messung mit Hilfe des Semantischen Differentials Vorteile auf, da sie mit Ausnahme der Item-Auswahl eine hohe Objektivität impliziert. In Studien wurde außerdem die Validität und Reliabilität der Methode nachgewiesen. Die Variante kann standardisiert und in einer repräsentativen Anzahl durchgeführt werden. Nachteilig ist jedoch, dass kein globales Fit-Urteil festgestellt werden kann. Ein Marken-Fit könnte sowohl bei Übereinstimmung der Items, als auch bei komplementären Imageprofilen bestehen.

2.2.4 NETZWERKORIENTIERTE FIT-ANALYSE

Marken lassen sich auch in semantischen Netzwerken darstellen. Um den Fit zwischen den Marken herauszufinden, werden semantische Netzwerke der Marken miteinander verglichen. Zur Erhebung der Netzwerke werden entweder qualitativ erhobene Daten (zum Beispiel Gruppenbefragungen) durch inhaltsanalytische Auswertungen zu Netzwerken konstruiert, oder der Befragte erstellt selbst ein semantisches Netzwerk. Zur Auswertung können beispielsweise Indikatoren wie die Häufigkeit der direkten Nennung passender Marken oder eine hohe Anzahl von Übereinstimmungen spezifischer Assoziationen zweier Marken herangezogen werden. Diese Methode erlaubt einen sehr detaillierten Einblick in die Felder der Übereinstimmung zwischen den Marken. Wie auch beim Semantischen Differenzial gibt die Netzwerkanalyse nur bedingt Aufschluss über den Gesamt-Fit der Marken. Sie setzt hohes Know-how beim Anwender voraus und erfordert signifikante Investitionen.

2.2.5 FAZIT ZU DEN ANALYSEMETHODEN DES MARKEN-FITS

Keines der behandelten Verfahren bietet dem Anwender eine vollständige und methodisch zufriedenstellende Fit-Analyse. Es empfiehlt sich daher eine Kombination mehrerer Methoden. Sie sollte ein Verfahren enthalten, welches den Global-Fit darstellt (Globale Fit Analyse oder Multidimensionale Skalierung) und ein Verfahren, welches eher die Felder der Markenübereinstimmung identifiziert (Semantisches Differenzial oder Netzwerkanalyse).[165]

Unklar bleibt außerdem, ab wann der Mindest-Fit zwischen den potentiellen Markenpartnern erreicht ist. Diese Unsicherheit kann durch die Befragung von Verbrauchern und Experten abgefangen werden. Grundsätzlich sollte ein starker Fit zwischen den Marken bestehen. Ein zu hohes Anforderungsniveau kann jedoch auch die Chancen vermindern, den geeigneten Partner zu finden.[166] In Kapitel (C) wurde bereits die Komplementarität der Partnermarken herausgestellt um eine optimale Wirkung der Markenkooperation zu erzielen. Die Überprüfung der Komplementarität sollte daher mit der Markenfitanalyse einhergehen und kann besonders in der Netzwerkanalyse und im Semantischen Differenzial festgestellt werden.

2.3 METHODEN ZUR ANALYSE DES ZIELGRUPPEN-FIT

Bei diesem Abgleich sollte deutlich zwischen bisherigen Verwendern der Einzelmarken und der mit der Markenkooperation angestrebten Zielgruppe unterschieden werden. Wie bereits in Kapitel (B) erwähnt, sollte die Zielgruppe Überschneidungen aufweisen. Eine völlige Deckungsgleichheit würde jedoch nicht zur Erschließung neuer Marktpotentiale dienen. Der Zielgruppenabgleich fokussiert weniger auf demografische Aspekte als vielmehr auf psychografische Gemeinsamkeiten beziehungsweise Unterschiede zwischen den Verbrauchergruppen. Gemeint sind insbesondere die vermuteten oder tatsächlichen Einstellungen der potentiellen Zielgruppen möglicher Partnermarken gegenüber der eigenen Marke und vice versa. Ergeben sich positive Beurteilungen beziehungsweise Einstellungsübereinstimmungen zu den Partnermarken innerhalb der Einzelzielgruppen, bestehen besonders gute Chancen für eine erfolgreiche Markenkooperation. Anhand eines Bewertungsverfahrens (Scoring), welches eine Werteskala enthält, kann auf einfache Weise ein Zielgruppenabgleich stattfinden. Zunächst werden dafür die Merkmale der aktuellen Zielgruppen aufgelistet und anschließend die Merkmalsausprägungen der Zielgruppe des potentiellen Markenpartners hinsichtlich ihrer

---

[165] Vgl. Baumgarth, C.: Methoden zur Markenfitanalyse, S. 48-52.
[166] Vgl. Lindemann, M., 1993, S.219, zitiert nach Keldermann, S., a.a.O., S.89.

Übereinstimmung mit der eigenen Zielgruppe bewertet. Auf diese Weise erhält jedes Kooperationsgespann ein eigenes grafisches Profil. Abbildung 36 bietet hierfür eine Vorlage.

Abb. 36 Zielgruppenabgleich anhand von vier Dimensionen

Zielgruppenabgleich					
1. Festlegen entscheidender Bewertungskriterien	2. Werteskala/ Übereinstimmung zur eigenen Zielgruppe				
Demografisch	-2	-1	0	+1	+2
Geschlecht, Alter, Familiensituation					
Haushaltsgröße, Anzahl der Kinder im Haushalt					
Berufstätigkeit, Position im Beruf					
Haushalts-Nettoeinkommen					
Persönliches Einkommen					
Wohnsitz und Wohnsituation (Eigenheim, Mietpartei)					
Lebensphase					
Psychografisch	-2	-1	0	+1	+2
Werte und Einstellungen					
Persönlichkeitsdimensionen*					
Zielgruppenspezifische Persönlichkeitsmerkmale					
Konsumsteuernd	-2	-1	0	+1	+2
Markenbewusstsein					
Bereitschaft zu Konsum					
Konsumverhalten					
Freizeitgestaltung					
Mediennutzung					
Branchenspezifische Faktoren	-2	-1	0	+1	+2
Bsp.: Kfz- Nutzung					

Quelle: Eigene Darstellung, in Anlehnung an Vilmar, A., a.a.O., S.90.

Für die individuelle Vergleichbarkeit der Zielgruppen sind die Faktoren auszuwählen, die am aussagekräftigsten erscheinen. Zusätzlich sollten branchenspezifische Faktoren ausgesucht werden, welche die spezifischen Brancheneigenschaften aufnehmen.

Der Vorteil dieses Verfahrens liegt in der einfachen Handhabung. In der Realität werden jedoch die Bewertungsfaktoren nicht gleich stark behandelt. Diese Verzerrung lässt sich beheben, indem die einzelnen Faktoren unterschiedlich gewichtet werden.[167] Ein Beispiel hierfür ist im Anhang II unter Abbildung 53 ausgewiesen.

2.4 HOMOGENITÄT DER UNTERNEHMEN

Das Abprüfen der Fit-Kriterien alleine ist nicht ausreichend für eine erfolgsversprechende Markenkooperation. Darüber hinaus ist ein Minimum an Ähnlichkeit der Partnerunternehmen für eine möglichst konfliktfreie und ausbalancierte Zusammenarbeit erforderlich.[168] Jedes Unternehmen hat individuelle strategische Ziele, ein eigenes Verständnis für Kommunikation und einen eigenen Führungsstil. Bestehen hier wesentliche Differenzen, kann die Zusammenarbeit behindert werden. Hierzu Jörg Englerth (Best Western Hotels Deutschland GmbH):

„Was wir festgestellt haben ist, dass diese Unternehmen zusammenpassen müssen, A von der Struktur, wie die Unternehmen aufgestellt sind, B die Größe der Unternehmen ist sehr abhängig voneinander, es kann nicht ein kleines Unternehmen mit einem sehr großen Unternehmen kooperieren [...].“

Er geht speziell auf die Unternehmensgrößen und die Organisation im Unternehmen ein, welche für langfristige Partnerschaften der Best Western Hotels eine zentrale Rolle spielen. Neben der Vereinbarkeit der strategischen Grundausrichtungen, sollte vor allem das Marketing- und Kommunikationsverständnis abgeglichen werden

Hierzu zählen Werte wie Kundenorientierung, Marktauftritt und dessen Umsetzung sowie Innovationsorientierung der Unternehmen. Trotz einer gegebenen äußeren strategischen Übereinstimmung potentieller Partnerunternehmen, scheitern viele Markenkooperationen schließlich auf emotionaler und sozialer Ebene.[169] Je nach Kooperationsprojekt ist außerdem zu klären, ob die potentiellen Partnerunternehmen über die notwendigen Ressourcen, bezüglich der vorhandenen Technologie, der eigenen Finanzsituation und des Know-hows verfügen. Die im Kapitel (C) betrachtete Kooperationsfähigkeit kann hier ebenfalls von Bedeutung sein, genauso wie die Distributionsstrukturen und der Vernetzungsgrad.

Die beschriebenen Anforderungskriterien eines umfassenden Fits und einer Homogenität zwischen potentiellen Partnern fließen direkt in den Prozess der Partnerwahl ein. Angepasst

---

[167] Vgl. Vilmar, A., a.a.O., S.88-92.
[168] Vgl. Lindemann, M.,1993, S. 219, zitiert nach Keldermann, S., a.a.O., S.89.
[169] Vgl. Keldermann, S., a.a.O., S.90.

an die eigenen Ziele für eine Markenkooperation können die einzelnen Anforderungskriterien unterschiedlich gewichtet werden. In folgender Darstellung (Abbildung 37) werden sie zusammenfassend in absteigender Prüfungsfolge dargestellt.

Abb. 37 Prüfungsabfolge in der Partnerauswahl

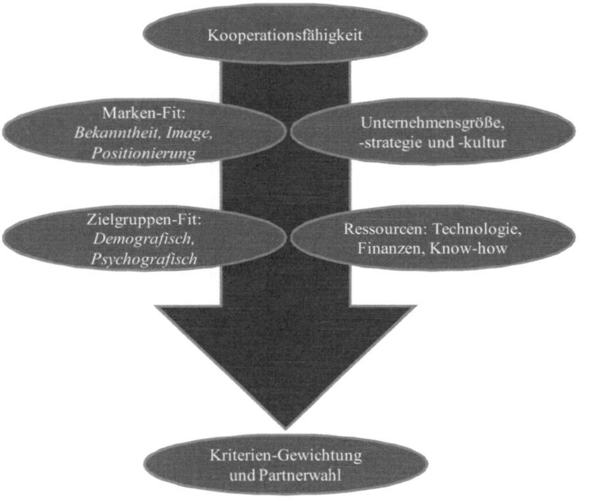

2.5 PARTNERSUCHE UND AUSWAHL

Durch die Befragung hat sich gezeigt, dass die Partnerauswahl häufig aus persönlichen Kontakten hervorgeht. Ein guter Kontakt ist zwar für eine erfolgreiche Kooperation sehr wichtig, jedoch sollten die besprochenen Faktoren unbedingt geprüft werden, bevor man in eine tiefere Planungsphase übergeht. In der Vergangenheit zeigte sich, dass viele Kooperationen unter anderem aufgrund von willkürlicher Partnerwahl und schlechter Vorbereitung scheiterten.[170] Die Partnerwahl ist deshalb Kern des hier vorgestellten Implementierungs- und Managementprozesses für Markenkooperationen.

Im nächsten Schritt werden potentielle Partnerunternehmen ausgesucht, welche die genannten Anforderungskriterien erfüllen, wobei die Suche über eine Vielzahl von Kanälen und Medien erfolgen kann:[171]

---

[170] Vgl. Döring, J., et.al., a.a.O., Berlin 2007.

[171] Vgl. Meyer, T, Schade, a.a.O., S.66.; Keldermann, S., a.a.O., S.92.

- Kooperationsbörsen
- Datenbanken (Bloomberg, Thomson, Factset, ecetera)
- Fach- und Wirtschaftsverbände
- Marketingagenturen
- Messen und Ausstellungen
- Marktforschungsinstitute
- Geschäftsberichte
- Media- und Kommunikationsanalysen
- Kundenbefragungen oder Lieferantenbefragungen

Solche Methoden liefern zwar einen ersten Eindruck, Informationen zur Unternehmenskultur lassen sich jedoch nur im persönlichen Gespräch ermitteln. Es bedarf also einer ersten Kontaktaufnahme mit den Kooperationsverantwortlichen der potentiellen Partnerunternehmen.

In diesem ersten Gespräch sollte das eigene Unternehmen kurz vorgestellt werden, die Kooperationsidee und vor allem die dreifache Win-Win Situation erläutert werden. Dieses Gespräch sollte noch nicht allzu sehr ins Detail gehen, es geht vor allem darum, allgemeines Interesse zu wecken. Dadurch bleibt dem Partner zunächst genug Aktionsspielraum, auch seine eigenen Ideen zur Umsetzung beizutragen.[172] Wird Interesse signalisiert, kann in einem zweiten persönlichen Treffen das Angebot des Initiator-Unternehmens präsentiert werden. Im Gespräch sollten thematisiert werden:

- Markenkooperationsidee und Zielvorstellung des Initiator-Unternehmens
- Gründe zur Auswahl des potentiellen Partners
- Nutzen des Partnerunternehmens durch die Markenkooperation
- Erläuterung der Ziele des potentiellen Partners (dieser konnte sich im Vorfeld des Gesprächs bereits eigene Gedanken machen)
- Eventuell Vorschläge erster kooperativer Maßnahmen aller Beteiligten und Diskussion über Chancen und Risiken (Brainstorming)
- Abklopfen des beidseitigen Commitments zum Kooperationsprojekt
- Prüfung der Anforderungskriterien
- Abgleich der Marketingziele
- Gemeinsame Zieldefinition für das Markenkooperationsprojekt und des eindeutigen Nutzens für den Endverbraucher

[172] Vgl. Meyer, T., Schade, M., a.a.O., S.67.

Eine abschließende Zusammenfassung dieses Treffens sollte einen Konsens der gemeinsamen Zielsetzung beinhalten, genauso wie eine Auswahl erster kooperativer Maßnahmen. Hier kommt der Erfolgsfaktor der richtigen Kooperationslokation ins Spiel. Alle Partner sollten ihre Produkte beziehungsweise das Kooperations-Produkt in seinem Element präsentieren, dort, wo es am besten zur Geltung kommt und vom Endverbraucher erlebt werden kann. Worin der unmittelbare und eindeutige Nutzen für den Endverbraucher aus der Markenkooperation besteht, sollte zu diesem Zeitpunkt bereits thematisiert worden sein.

Das Commitment aller Partner und vor allem das Signalisieren der Ernsthaftigkeit des Themas in den beteiligten Unternehmen, zählen außerdem zu den Erfolgsfaktoren in diesem Abschnitt des Kooperationsprozesses.

Besteht eine Basis für persönliche Beziehungen zum Kooperationsteam des Partnerunternehmens, ist ein erster Grundstein für eine längere Zusammenarbeit bereits gelegt. Alle Interviewpartner bestätigten, dass eine gute persönliche Beziehung die Zusammenarbeit erleichtert und effektiver macht. Die Kooperationsverantwortliche der Porsche Lizenz- und Handelsgesellschaft mbH & Co. KG merkt an, je besser das Verständnis zwischen den Partnern sei, umso einfacher laufe die Kommunikation und umso einfacher und meist schneller einige man sich und schaffe ein gleiches Zielverständnis.

Im Anschluss an das Gespräch kann jede Partei die Ergebnisse im eigenen Unternehmen abstimmen. Wichtig ist zu diesem Zeitpunkt das Vorhaben mit den später involvierten Abteilungen abzusprechen. Hieraus ergeben sich im besten Fall weitere Hinweise und Möglichkeiten oder aber Limitierungen. Auch das eigene Unternehmen muss vom Projekt überzeugt werden und im Vorfeld sollten Argumente gegen mögliche Kritik vorbereitet werden. Des Weiteren sollten Mitglieder des Kooperationsteams bestimmt werden. Eine Orientierung für eine Aufstellung ist im Teilabschnitt *Konzeption* nachzulesen.

3 MANAGEMENT

3.1 DER KOOPERATIONSVERTRAG

Sind die geeigneten Partner für die Markenkooperation ermittelt, sollten alle entscheidenden Punkte der Zusammenarbeit in einem Kooperationsvertrag fixiert werden:

„Der Kooperationsvertrag definiert die Leistungen und sichert, dass sie auch erbracht werden. Er verhindert, dass sich ein Partner zurücklehnt und denkt, der andere macht das ja. Es spielt eine Rolle für die Seriosität des Projekts und der Arbeitsweise."

Martin Fischer, Leitung Nationale-, internationale Kooperationen, Porsche Deutschland GmbH

Bei kurzfristigen Markenkooperationsprojekten, welche nur wenige Wochen dauern, ist das Aufsetzen eines kompletten Vertrages nicht zwingend notwendig und eine detaillierte Absprache der Partner genügt.[173] Dies liegt allerdings im eigenen Ermessen des Kooperationstätigen. Ohne Vertrag besteht generell eine gemeinschaftliche Haftung der Kooperationspartner, da es sich bei einer Markenkooperation grundsätzlich um eine gewerbliche Tätigkeit handelt. Hierdurch befinden sich die Kooperationspartner automatisch in einer sogenannten Offenen Handelsgesellschaft, kurz OHG. Die OHG steht für unbeschränkte gesamtschuldnerische Haftung. Eine weitere oftmals genutzte Möglichkeit besteht in der Gründung eines speziellen Kooperationsvehikels (Special Purpose Vehicle), welches sich im gemeinschaftlichen Anteilsbesitz der Kooperationspartner befindet.[174] Der Abschluss eines Vertrags ist deshalb allein wegen möglicher Produkthaftungsfälle ratsam. Für den Vertrag zu definieren sind die in Abbildung 38 aufgeführten Punkte:[175]

Der Vertrag sollte juristisch aufgesetzt und kontrolliert werden, um Vollständigkeit zu garantieren und um Vor- oder Nachteile der Markenpartner zu vermeiden.

Trotz der grundsätzlichen Gleichgewichtung der Partner kann die Aufgaben- und Beitragsregelung nicht immer paritätisch verteilt werden, da die Ressourcen der Partner häufig komplementär zueinander stehen oder die Markenkooperation eine Primär- und Sekundärmarkenregelung enthält. Erwartet sich eine Partnermarke weniger Output aus der Kooperation, so kann es auch hierdurch zu einem unterschiedlich gewichteten Ressourceninput der Kooperationspartner kommen. Der Beitrag jedes Partners sollte sich grundsätzlich am individuellen Nutzen an der Markenkooperation orientieren.

[173] Vgl. Kunze, F.H., a.a.O., S.15.
[174] Vgl. Witherton Jones Publishing Ltd., online im Internet: URL: http://www.wirtschaftslexikon24.net/d/special-purpose-vehicle-spv/special-purpose-vehicle-spv.htm [Zugriff am 20.02.2009].
[175] Vgl. Meyer, T, Schade, M, a.a.O., S.81; Anhang III, Interviews 1-13 zu: „Was sollte im Vorfeld einer Zu sammenarbeit auf jeden Fall mit dem Partner geklärt werden."

Abb. 38 Vertragsinhalte

Vertragsinhalte	*Beschreibung*
Gemeinsame Zielgruppe(n)	
Personeller Einsatz sowie Projektverantwortlicher und Stellvertreter	
Einsatz anderer Leistungen wie zusätzliche Vertriebsaktivitäten oder F&E-Projekte	
Dauer des Kooperationsprojekts	*Vertragliche Laufzeit von zwölf Monaten* *Verlängerung bei erfolgreicher Zusammenarbeit*
Umfang des Kooperationsprojekts	*Maßnahmeneinsatz* *Regionale Ausdehnung markenpolitischer Zusammenarbeit* *Juristische Überprüfung aller medialer Module auf wettbewerbsrechtliche Konformität*
Organisationsablauf	
Zeitliche und mediale Nutzungsrechte gegenseitiger Markennamen, -logos, und Farbschemen	
Individueller Investitionseinsatz und Gewinnverteilung	*Auch für den Fall eines ungeplanten Mehraufwands*
Durchführungs- und Kontrollmodule	
Regelungen zur außerordentlichen Kündigung	*Mögliche Gründe:* *Imageschaden des Partners* *Insolvenz* *Nicht-Erreichung eigener Ziele im definierten Zeitrahmen* *Neupositionierung der Partnermarke*
Schadensersatzbestimmungen	*Haftungsfreistellung bei fehlerhaften Produkten des Partners*
Vertraulichkeitsklausel	
Salvatorische Klausel	

3.2 GEMEINSAMES ERARBEITEN DES KOOPERATIONSKONZEPTS

Das Kooperationskonzept dreht sich grundsätzlich um die Frage, wie die gemeinsam definierte Zielgruppe angesprochen werden soll, auf welcher Plattform dies geschieht und welcher Media-Mix zum Einsatz kommt. Bei einer Co-Promotion wie beim Kundenevent von *Porsche*, *Sunseeker* und *Moët Hennessy* wurde zunächst entschieden, dass für Top-Kunden eine Wochenendveranstaltung angeboten werden soll, bei der sie alle Produkte hautnah erleben können.

Die perfekte Location für alle Marken bot Mallorca, da sowohl Wasser, Rennstrecke und sonniges Wetter für eine gewisse Urlaubsstimmung sorgten. Dort wurden die Orte Hafen, Rennstrecke und ein Restaurant inklusive Tanzclub direkt am Wasser definiert und die jeweiligen Hotelzimmer unweit vom Club gebucht. Lokationen, Kooperationsmaßnahmen und Timing wurde in einem gemeinsamen Workshop erarbeitet, nachdem Frank Schlaack (Sunseeker Germany AG) mit der Idee an die anderen Partner herangetreten war. Danach folgte die Feinjustierung, aus der der Programmablauf hervorging. Die eingeladenen Gäste wurden in zwei Gruppen geteilt, die abwechselnd zunächst Yachten fuhren und dann auf die Rennstrecke zur Porsche-Testfahrt mit Rennfahrer Walter Röhrl wechselten oder vice versa. Die Verkostung wurde im Rahmen eines Kochkurses von Holger *Stromberg* verwirklicht. Die Gruppe, die mit der Yachtfahrt begann, kochte jeweils für die anderen Teilnehmer, die zum Mittag beziehungsweise Abendessen von der Rennstrecke zur Location zurückkamen. Als Abendhighlight wurde *Moët Hennessy* als Partner gewonnen. Nach einer Cognacverkostung endete der Abend im Felsentanzclub Mallorcas.

Die Konzepterarbeitung erfolgte circa sechs Monate vor dem Event, die Location-Checks vier Monate vorher. Ein Team-Meeting aller Kooperationsverantwortlichen fand rund vier Mal statt bevor man sich dann in Mallorca kurz vor dem Event für die letzten Änderungen einfand. Für den Event wurde eine Marketingagentur hinzugezogen, welche die Projektverantwortung für den Ablauf am Event besaß. *Porsche* wie *Sunseeker* waren mit kompletten Teams vor Ort, die Produktkenntnisse mitbrachten. Auch während der gut sechsmonatigen Planung waren auf allen Seiten mindestens ein Projektverantwortlicher und ein weiterer Ansprechpartner in das Projekt involviert. Nach Angaben aller drei befragten Partnerunternehmen war der Event ein voller Erfolg. Eine Vielzahl weiterer Markenkooperationsbeispiele sind unter Vilmar (2006)[176] und unter Meyer und Schade (2007)[177] nachzulesen.

Im Kooperationskonzept eines Co-Branding spielen häufig die Kommunikationsmaßnahmen eine grundlegende Rolle, da das gemeinsame neue Produkt beworben und gemeinsam ge-

[176] Vgl. Vilmar, A., a.a.O., S. 137-226.
[177] Vgl. Meyer, T., Schade, M., a.a.O., S.117-124.

brandet werden muss. Im Kooperationsvertrag sollten diese Punkte deshalb gesondert erscheinen. Folgende Punkte gehören zu diesem Kommunikationskonzept:[178]

- Kommunikationsobjekt
- Kommunikationsziele
- Zielgruppe
- Kommunikationsstrategie
- Kommunikationsinstrumente
- Budget für Kommunikationsmaßnahmen
- Botschaft
- Medieneinsatz

Das Kommunikationsobjekt bezieht sich auf das Produkt und seine Gestaltungsdimensionen. Gemäß dem „Anchoring-and-Adjustment"-Modell, welches in Kapitel (B) behandelt wird, nimmt man an, dass eine Partnermarke als Markenanker fungiert und die Wirkung der Co-Brand auf den Konsumenten maßgeblich beeinflusst, während sich die Partnermarke über die Facettierung des Co-Brand Markenimages auf die Einstellung des Konsumenten auswirkt. Aus dieser Rollenzuweisung können Gestaltungsmöglichkeiten abgeleitet werden, beispielsweise die etwas nachgestellte Platzierung auf der Verpackung, wie im Beispiel von *Langnese* und *Milka,* dargestellt in Abbildung 39.

Abb. 39 Markenanordnung am Beispiel *Langnese* und *Milka*

Quelle: Online im Internet: URL:http:// www.langnese.de [Zugriff am 22.03.2009].

Grundsätzlich besteht aber auch bei Co-Branding die Möglichkeit einer Gleichstellung der Partnermarken. Die Glaubwürdigkeit und das direkte Erkennen der sinnvollen Einheit und des Mehrwerts für den Kunden sollten Ausschlag für die Markenanordnungen geben. Wurde sich auf eine Markenanordnung geeinigt, ist darauf zu achten, diese durchgängig auf allen Werbeträgern einzuhalten. Direkt beeinflusst durch die Markenanordnung sind nach Esch (2004):[179]

[178] Vgl. Keldermann, S, a.a.O., S.98.
[179] Vgl. Esch, F.-R., 2004, S.363. zitiert nach Keldermann, S., a.a.O., S.99.

- Die Namensgebung
- Die Verpackungsgestaltung
- Die Gestaltung des eigentlichen Produkts
- Die Markendominanz lässt sich hauptsächlich über Corporate Design-Elemente wie dem Markenlogo, dem Schriftzug oder der Dominanz eines Farbschemas ausdrücken.

Das gesamte Kommunikationskonzept kann einen erheblichen Einfluss auf die Wahrnehmung, das Verhalten und die Beurteilung eines Co-Brandings beziehungsweise einer Markenkooperation nehmen.[180] Durch richtig gewählte Kommunikationsmaßnahmen kann eine schwache Ausprägung der Fit-Faktoren Marke, Produkt und Zielgruppe deutlich verbessert werden.[181] Ein hoher Fit dieser Faktoren allein birgt im Gegenzug keine Erfolgsgarantie. Auch bei hohen Fit-Werten kann die Akzeptanz auf Verbraucherseite ausbleiben, wenn die Konzeption und Implementierung des Markenkooperationskonzepts mangelhaft und unprofessionell verläuft.

Nach Meyer und Schade (2007)[182] sollte zur weiteren Steigerung der Aufmerksamkeit in der Zielgruppe eine Kombination mehrerer Kooperationsmaßnahmen verwendet werden. Eine zentrale Maßnahme (zum Beispiel Brand Bundling) wird durch weitere Aktionen wie eine gemeinsame Werbemaßnahme unterstützt. Soll eine möglichst breite Zielgruppe angesprochen werden, ist die Einbeziehung des Handels in die Kooperationsaktivitäten von Vorteil, beispielsweise durch Sonderplatzierungen oder Hinweisschilder. Als Beispiel nennen die Autoren ein Co-Branding zwischen *Frosta* und der *Brigitte Diät.* (Abbildung 40) Ein Tiefkühlgericht wurde gemeinsam auf den Markt gebracht und durch beide Marken gekennzeichnet. Darüber hinaus wurden von *Frosta* wie von *Brigitte* Print-Anzeigen geschalten und eine Broschüre am Point of Sale ausgegeben, in der die gemeinsamen Produkte und Nährwertangaben angegeben waren.

[180] Vgl. Redler, J., a.a.O., S.21.
[181] Vgl. Keldermann, S. a.a.O., S. 100.
[182] Vgl. Meyer, T., Schade, M., a.a.O., S.74 f.

Abb. 40 Co-Branding zwischen *Frosta* und *Brigitte Diät*

Quelle: Online im Internet: URL: http://www.frosta.de/index2_gerichte_brigitte-diaet.html, [Zugriff am 12.03.2009].

3.3 REGELMÄßIGE KONTROLLE , EVALUIERUNG UND ANPASSUNG

Sowohl während der Implementierungsphase als auch während der Durchführung der Kooperation sollten die festgelegten Abmachungen und Ziele bezüglich ihrer Einhaltung und Erreichung überprüft werden. Durch eine regelmäßige Überprüfung kann bereits frühzeitig erkannt werden, ob Veränderungen in der Zusammenarbeit notwendig sind, um die Zielsetzungen zu erreichen. Frank Schlaack (Sunseeker Germany AG) erklärt in diesem Rahmen, dass ein Messestand umgebaut werden musste, da er im Aufbau unschlüssig war, dies aber zu keinem früheren Zeitpunkt überprüft wurde, da die Aufgabe in den Händen des Partners lag.[183]

Eine finale Ergebniskontrolle liefert vor allem Informationen über die Kooperationseffizienz, da ein direkter Input-Output Vergleich möglich ist.[184] Die Vorgehensweise sollte bereits vor Start der Kooperationsaktivität festgelegt werden und bestenfalls auch im Vertrag verankert sein. Bei einem Großteil ökonomischer Messgrößen besteht in manchen befragten Unternehmen nicht die Möglichkeit, sie einem konkreten Event, einer Mailing-Aktion oder anderen kooperativen Maßnahmen zuzuordnen, wodurch der Erfolg der Aktion nur indirekt gemessen werden kann. Diese Problematik der Zuordnung wird im Rahmen kooperativer Maßnahmen noch verstärkt, da eine Interdependenz der Partnermarken besteht, die Wirkungen der Kooperation zeitlich verschoben sein kann (Time-lag Effekt), oder die Wirkung der Kooperationsaktion noch lange nachwirkt (Carry-Over Effekt).

Andere befragte Unternehmen erkennen einen Erfolg anhand

- Generierter Adressen

---

[183] Vgl. Anhang III Interview 1: Frank Schlaack und Sylvia Loeber, Sunseeker Germany AG.

[184] Vgl. Anhang III Interview 8: Lise Lubbersen, Bose Automotive GmbH; Interview 12:Thomas Baum, Moët Hennessy Deutschland GmbH.

- Registrierungen für einen Newsletter
- Einschreibung auf dem Jobportal,
- Internet-Seitenaufrufe und Verweildauer
- Direkt an ein Kundenevent anschließende Verkäufe

Die *Best Western Hotels* können mit dem Partner *Happy Digits* sowie *Moët Hennessy* mit dem Partner *American Express* über die Kundendatenbanken der Partner ständig Informationen darüber einholen, welche Personen nach welcher Kooperationsaktion Leistungen buchten oder bestellten. Medienunternehmen scheinen außerdem einen umfangreichen Einblick in Handlungen ihrer Zielgruppen zu haben. Sie können sowohl

- Einschaltquoten,
- Abverkäufe ihrer Partner, welche beispielsweise kooperativ entstandene Kleidungskollektionen verkaufen, sowie
- Medialeistungen der Partner in anderen Medien und die
- Präsenzstärke der Kooperationsprodukte im Handel

  genau nachvollziehen (Tracking) und kontrollieren.[185]

In Kombination mit der Beachtung der erarbeiteten und bereits bestehenden Erfolgsfaktoren führt ein strukturierter Managementprozess, der bis zum Ende das Commitment aller Beteiligten erfährt, mit hoher Wahrscheinlichkeit zu einer erfolgreichen Markenkooperation.

Abb. 41 Verflechtung der Erfolgsfaktoren mit dem Managementprozess

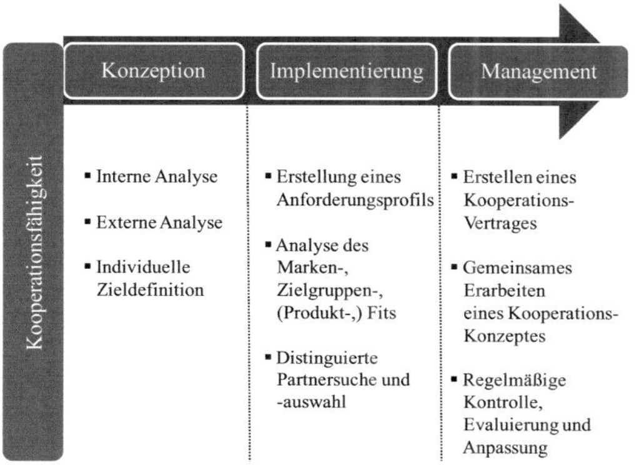

[185] Vgl. Anhang III: Interview 10: Kathrin Schmitz, RTL2 Fernsehen mbH & Co. KG; Interview 11: Oliver Kempfer und Christina Leucht ProSieben/Sat1 Media AG.

E FAZIT UND AUSBLICK

Durch die Verbindung verschiedener Marken können Botschaften entstehen, die sich besonders hervorheben. Geltende Branchengrenzen lassen sich durch innovative Markenkooperationen überwinden, woraus neuartige Produkte, Sortimente oder Services resultieren können. Projektartige Beziehungen haben das Potential, sehr schnell am Markt innovative Leistungen beziehungsweise Botschaften zu platzieren, die so genannte überzeugende „Stories“[186] entstehen lassen können, welche die aktuelle Stimmungswelt ihrer Zielgruppen genau treffen. Markenkooperationen können eine effektive Alternative bei geringem Transferpotential der Eigenmarke in der Markenführung sein, wenn sie richtig vorbereitet und durchgeführt werden. Auf dem Weg zur erfolgreichen Durchführung einer Markenkooperation gilt es, mit einem professionellen Kooperationsteam im Rücken die richtige Partnermarke auszuwählen. Der Erfolg könnte getrübt werden, falls die Partnermarke einen Rückschlag auf dem Markt erfährt oder aus irgendeinem Grund in der Öffentlichkeit ihren guten Ruf verliert oder die Kooperation an sich auf dem Markt keine Akzeptanz erfährt. Folglich sind die gründliche Vorbereitung und das Kennenlernen der Partnermarke im Vorfeld einer der wichtigsten Schritte. Ebenso wie die rechtliche gemeinsame Grundlage, welche versichert, dass die Kooperation beendet werden kann, falls die Ergebnisse nicht den Erwartungen entsprechen oder die eigene Marke durch die Zusammenarbeit mit dem Partner einen Imageverlust riskiert oder ihr Markenimage verwässert wird.[187]

Durch den Abstimmungsbedarf zwischen zwei Markenpartnern entstehen fast automatisch lange und komplizierte Entscheidungswege, abhängig vom Umfang der Kooperationsaktivitäten.[188] Der zusätzliche Koordinationsaufwand schlägt sich häufig in den Dimensionen „Zeit“ und möglicherweise auch „Kosten“ nieder[189], wodurch sich der Vorteil der Kostenteilung bei Markenkooperationen relativieren könnte. Es sind an dieser Stelle beispielsweise die Kooperationen mit Handelsunternehmen hervorzuheben, die einen enormen Zeitvorlauf erfordern, da die Planungen für Marketingprogramme, insbesondere die Distribution, bereits bis zu einem Jahr im Voraus organisiert werden.[190]

---

[186] Vgl. Kotler, P, Lane, K.: Marketing Management, München 2009, S. 307.

[187] Vgl. Boad, B.: The risks and pitfalls of Co-Branding, New York 1999, S. 38.

[188] Vgl. Esch, F.-R.: Strategie und Technik der Markenführung, S.453; Sattler, H., a.a.O., S.107; Keldermann, S., a.a.O., S. 68..

[189] Vgl. Sattler, H., a.a.O., S.107.

[190] Vgl. Anhang III , Interview 11: Oliver Kempfer, ProSieben/Sat1 Media AG.

Christina Leucht (ProSieben/Sat1 Media AG) wiederum erkennt an anderer Stelle für den erhöhten Aufwand auch einen relativ höheren Output:

„Der Aufwand-Nutzen Faktor muss relativ gesehen werden, da eine Kooperation immer auf ein on-top Ergebnis abzielt und niemals die klassische Mediamittel Werbung ersetzen könnte. Aber die Qualität der Kontakte ist durch die Kooperation eine andere."

Aufgrund des Commitments zur Markenkooperation und einer Orientierung an gemeinsamen Leitsätzen oder gar vertraglich geregelten Vorgaben verringert sich möglicherweise die Flexibilität und Reaktionsfähigkeit der Markenplanung für Marketingmaßnahmen auf Ebene der Einzelmarke.[191] Aus diesem Grund ist bereits im Vorfeld zu klären, ob das eigene Unternehmen Kooperationsfähigkeit besitzt und dazu bereit ist, mögliche eben genannte Konsequenzen zu ziehen. Ist die Markenkooperation sehr erfolgreich, kann dies zu einer hohen Markendependenz und Abhängigkeit vom Partnerunternehmen führen. Dies ist vor allem dann der Fall, wenn der Erfolg des Kooperationsproduktes den der Einzelmarke übersteigt.[192] Um dauerhafte Abhängigkeit zu vermeiden, muss eine Kooperationsstrategie entwickelt werden, die austauschbare Kooperationsbeziehungen möglich macht, wie beispielsweise von *Hennes & Mauritz* praktiziert. Das Unternehmen konnte bereits mit verschiedenen substituierbaren Designerkollektionen ihr Preis-Leistungsverhältnis verbessern und ihr Markenimage enorm steigern.[193] Ein Nachteil ist auf der anderen Seite, dass dadurch der Kooperationsaufwand unter gleichbleibenden Rahmenbedingungen steigt,[194] da die Implementierung der Kooperationsbeziehung immer wieder von neuem mit anderen Partnern initiiert werden muss und sich keine Routine einstellt. Diese Routine führt bei langfristig angelegten Markenkooperationen, wie in Kapitel (C) erörtert, zu Effizienz- und Leistungssteigerungen. Ein gegenseitiger Wissensaustausch eröffnet den Kooperationstreibenden die Chance, voneinander zu lernen und im Produktfeld der Partnermarke eine Expertise aufzubauen. Möglich ist dies meist jedoch erst bei längerfristig angelegten Kooperationsprojekten.

Davon ausgehend, dass in Deutschland 2007 nur ein Drittel aller Kooperationen im Marketing erfolgreich waren, sind in dieser Arbeit Faktoren erarbeitet worden, welche den Erfolg zu beeinflussen vermögen. Neben den wichtigen Fit-Kriterien in den Bereichen Marke, Ziel-

[191] Vgl. Sattler, H., Völckner, F.: Markenpolitik, Stuttgart 2007, S.135f.
[192] Vgl. Sattler, H., a.a.O., S. 107f.
[193] Vgl. stern.de GmbH, o. V. : Mode made by Madonna, online im Internet: http://www.stern.de/lifestyle/leute/:H&M-Mode-Madonna/578068.html [Zugriff am 15.03.2009].
[194] Vgl. Gutknecht, K.: Unternehmensübergreifende Marketing-Kooperationen, Wiesbaden 2008, S.194.

gruppe, Produkt und der Komplementarität sowie dem Werbegefallen sind neue, noch nicht erwähnte Erfolgskriterien ermittelt worden. Dazu gehört das Antizipieren von Trends, die Erlebbarkeit des Kooperationsgegenstandes, die Eingrenzung der Zielgruppe, um ein möglichst individuell zugeschnittenes Angebot zu bieten, die richtig ausgewählte Kooperationslokation, um das Produkt in seinem Element präsentieren zu können und der Aufbau eines kompletten Kooperationsteams, welches im gesamten Verlauf der Kooperation das nötige Commitment zeigt. Im Implementierungs- und Managementprozess sollte gezeigt werden, wie man sich Schritt für Schritt einer Kooperation nähert und den richtigen Partner ausmacht, indem man in der Konzeptions- und „Kennenlern-Phase" gründlich recherchiert, welcher Markenpartner der ideale Komplementär ist und auf welcher gemeinsamen Plattform dem Konsumenten durch eine Zusammenarbeit erlebbarer Mehrwert geboten werden kann.

Trotz der soeben vorgestellten möglichen Einschränkungen und Hindernisse, sind Markenkooperationen ein Werkzeug der Markenstrategie, das die eigene Marke auf noch unerschlossene Zielgruppen zugreifen lässt, in andere Branchen transferiert werden kann oder eine besondere Facettierung des Markenimages bewirkt, die die Marke alleine nicht, oder mit nur mit erheblich höherem Aufwand erreichen würde.

ANHANG I-ABBILDUNGEN

Abb. 42 Die zehn „stärksten“ Marken weltweit 2008 nach Interbrand

Quelle: Eigene Darstellung, in Anlehnung an Interbrand, online im Internet: URL: http://www.interbrand.com/best_global_brands.aspx?langid=1000 [Zugriff am 12.01.2008].

Abb. 43 „Brand Extension“ am Beispiel *Hugo Boss*

Quelle: Online im Internet: URL: http://www.hugoboss.com [Zugriff am 20.03.2009].

Abb. 44 Beispiel Co-Advertising: Gemeinschaftswerbung

Quelle: Online im Internet: URL: http://www.presseportal.de/bild/109013_thumb.w200_demeter_reisen.jpg [Zugriff am 22.03.2009].

Abb. 45 Beispiel Co-Advertising: Sammelwerbung

Quelle: Keldermann, S.: Co-Branding – Eine strategische Antwort für Markenartikelhersteller im vertikalen Wettbewerb, Hamburg 2004, S.139.

Abb. 46 Beispiel Co-Advertising: Gruppenwerbung

Quelle: Keldermann, S.: Co-Branding – Eine strategische Antwort für Markenartikelhersteller im vertikalen Wettbewerb, Hamburg 2004, S.140.

Abb. 47 Beispiel Co-Advertising: Verbundkommunikation

Quelle: Online im Internet: URL: http://www.brigitte.de/figur-gesundheit/brigitte-diaet/diaeten-plaene/gerichte-sommerdiaet-2005-539579/ [Zugriff am 22.03.2009.]

Abb. 48 Co-Promotion Estée Lauder und Mytheresa: Gestaltung des Newsletters

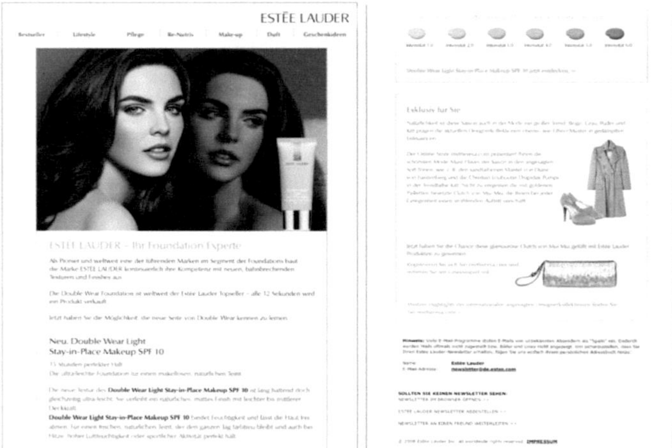

Quelle: Estée Lauder Companies GmbH.

Abb. 49 Beispiel für eine Medienkooperation

Quelle: Online in Internet: URL: http://www.discountfan.de/artikel/200309/03092702b.jpg [Zugriff am 02.02.2009].

Abb. 50 Sinus-Milieus in Deutschland 2008

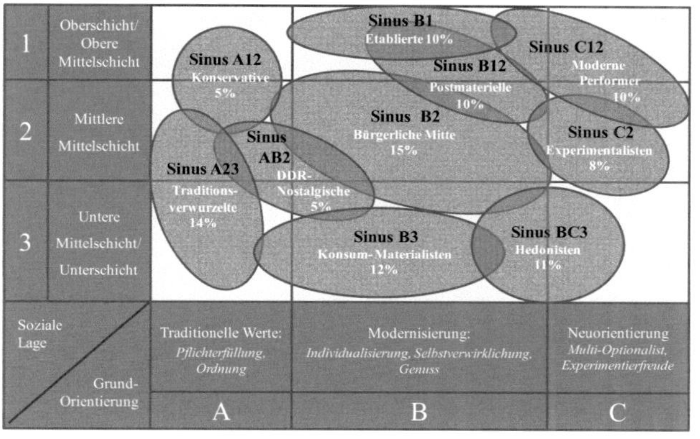

Quelle: Eigene Darstellung, in Anlehnung an:

The Nielsen Company GmbH (2008):Online im Internet: URL:

http://www.acnielsen.de/news/NielsenPressemeldung17.11.2008-

SinusMilieusjetztneuimNielsenHaushaltspanel.shtml [Zugriff am 16.02.2009]

Abb. 51 Kooperations-„Speeddating" 2009

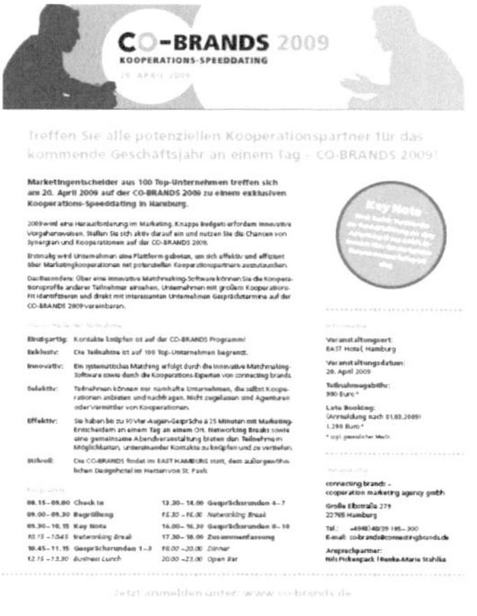

Quelle: Online im Internet: URL: http://www.co-brands.de/p_index.php [Zugriff am 23.03.2009]

ANHANG II-CHECKLISTEN

Abb. 52 Checkliste für die Kooperationsfähigkeit des Unternehmens

A Kompetenzen	Ja	Nein	
Gibt es ein USP (Unique Selling Proposition), welche das eigene Unternehmen hervorhebt und Wissen, oder Technologien die nicht leicht kopierbar sind?			Dies bietet häufig eine gute Grundlage für eine Kooperation und Anreize für potentielle Partner
Gibt es ein ausgereiftes Customer Relationsship Management und wird auf Kundenbeschwerden schnell reagiert?			Wenn das nicht der Fall sein sollte, könnte es beim Kooperationsvorhaben zu Problemen mit dem Partner kommen, wenn dieser das Thema sehr intensiv behandelt.
Gibt es aussagekräftige Zielgruppenanalysen und werden Präferenzänderungen verfolgt und zeitgleich Produkt-, bzw. Angebotsänderungen vorgenommen?			Um ein Kooperationsprodukt zu entwickeln ist die genaue Kenntnis der eigenen Zielgruppe Voraussetzung und Flexibilität in der Reaktion auf deren Bedürfnisse notwendig.
Gibt es engagierte Mitarbeiter mit Expertenwissen zu Produkten/Branche, die für ein Kooperationsprojekt in Frage kommen?			Die Komponente Zeit spielt hier eine entscheidende Rolle, da das Thema Markenkooperation vor allem in der Aufbauphase sehr zeitaufwendig ist und meist nur eine Zusatzaktion im Marketing-Mix darstellt.
Ist das Unternehmen bereit in innovative Projekte zu investieren, welche eventuell keine direkten monetären Erlöse erzielen?			Häufig wird erwartet, dass direkte monetäre Erlöse erzielt werden. Die Wirkung der Markenkooperation kann aber meist nicht ad-hoc, sondern erst im Zeitverlauf erkannt werden, da sich das Markengespann erst im Markenwissen der Konsumenten etablieren muss.
Ist das Unternehmen bereits stark vernetzt und arbeitet mit Partnern effizienter?			Erzielt ein Unternehmen in Zusammenarbeit mit Partnern effizientere Ergebnisse, so ist die partnerschaftliche Arbeitsweise bereits teil der Firmenphilosophie und kann sich auf das Kooperationsprojekt positiv auswirken, da die Arbeitsweise bereits verinnerlicht ist.
B Form der Organisation	Ja	Nein	
Wird das Unternehmen eher demokratisch geführt und wird Verantwortung verteilt?			Im Falle hierarchisch geführter Unternehmen ist oft der Bericht- und Entscheidungsweg lange und erfordert hohen Zeitaufwand. Markenkooperationen erfordern relative Flexibilität, denn schon der Abstimmungs- und Transaktionskostenaufwand mit dem Markenpartner ist meist nicht unerheblich.
Wird Teamarbeit im Unternehmen groß geschrieben?			Teamfähigkeit und die Fähigkeit sich in andere Personen oder Unternehmen einzudenken ist die Basis jeder Kooperation. Wird im eigenen Unternehmen zumeist allein oder selten im Team gearbeitet, werden sich die Personen im Kooperationsprojekt in Teams mit hohem Kommunikations- und Abstimmungsbedarf stark anpassen müssen.
Wird im Unternehmen aktives Wissensmanagement betrieben und Wissen auch geteilt?			Wissen und Know-how aus anderen Branchen ist für viele Anreiz für Kooperationen. Wird Wissen weder dokumentiert noch auf Mitarbeiter übertragen und zugänglich gemacht, ist ein gemeinsamer Lern und-Verbesserungsprozess durch die Kooperation schwer realisierbar.
Sind die Organisationseinheiten im Unternehmen selbstständig und wird eher projektbezogen gearbeitet?			Selbstständige Organisationseinheiten ,die nur an wenige andere Abteilungen gekoppelt sind, können einfacher und flexibler in ein Kooperationsprojekt ein-,oder aussteigen.

Abb. 53 Beispiel für eine Kriterien-Gewichtung bei der Fit-Messung der Zielgruppen

Gewichteter Zielgruppenabgleich			
Bewertungskriterien	A Relatives Gewicht	B Übereinstimmungs-Koeffizient	A x B Wertung
Demografisch	20%	1 2 3 4 5 6 7 8 9 10	
Geschlecht, Alter, Familiensituation	5%	6	0,3
Haushaltsgröße, Anzahl der Kinder im Haushalt	2%	6	0,12
Berufstätigkeit, Position im Beruf	3%	8	0,24
Haushalts-Nettoeinkommen	3%	7	0,21
Persönliches Einkommen	2%	5	0,1
Wohnsitz und Wohnsituation (Eigenheim, Mietpartei)	1%	2	0,02
Lebensphase	3%	6	0,18
Psychografisch	30%	1 2 3 4 5 6 7 8 9 10	
Werte und Einstellungen	12%	8	0,96
Persönlichkeitsdimensionen*	5%	6	0,3
Zielgruppenspezifische Persönlichkeitsmerkmale	13%	9	1,17
Konsumsteuernd	30%	1 2 3 4 5 6 7 8 9 10	
Markenbewusstsein	12%	9	1,08
Bereitschaft zu Konsum	3%	7	0,21
Konsumverhalten	9%	5	0,45
Freizeitgestaltung	3%	8	0,24
Mediennutzung	3%	7	0,21
Branchenspezifische Faktoren	20%	1 2 3 4 5 6 7 8 9 10	
Bsp.: Kfz- Nutzung	20%	7	1,4
Total	100%		7,19

Bewertungsskala: 0,00 bis 4,00 schlecht; 4,01 bis 7,50 mittelmäßig; 7,50 bis 10,00 gut

ANHANG III-EXPERTENINTERVIEWS

Mobility		
1	Firma:	Sunseeker Germany AG, Stubbenhuk 9, 20459 Hamburg
	Interviewpartner:	Frank Schlaack (Geschäftsführung) Sylvia Loeber (Assistenz der Geschäftsführung)
	Termin:	08.12.2008
2	Firma:	Audi AG, Auto-Union-Straße, 85057 Ingolstadt
	Interviewpartner:	Marcus Fischer (Personalmarketing, Neue Medien)
	Termin:	12.12.2008
3	Firma:	Porsche Deutschland GmbH, Porschestr.1, 74321 Bietigheim-Bissingen
	Interviewpartner:	Martin Fischer (Leitung Nationale-, Internationale Kooperationen/Fahrzeugpool)
	Termin:	22.01.2009
Hotellerie		
4	Firma:	Best Western Hotels Deutschland GmbH, Frankfurterstr. 10-14, 65760 Eschborn
	Interviewpartner:	Jörg Englerth, (Verkaufsleitung Touristik)
	Termin:	18.12.2008
5	Firma:	Best Western Premier Hotel Rebstock, Neubaustr. 7, 97079 Würzburg
	Interviewpartner:	Christoph Unckell (Geschäftsführung)
	Termin:	13.12.2008
Accessoires		
6	Firma:	Estée Lauder Companies GmbH, Leopoldstr. 256, 80807 München
	Interviewpartner:	Jana Trochymiuk (Manager Direktmarketing und Internet)
	Termin:	10.12.2008
7	Firma:	Richemont Northern Europe GmbH, Landsberger Str. 302-306, 80687 München
	Interviewpartner:	Henrik Ekdahl (General Manager Northern Europe)
	Termin:	17.12.2008
8	Firma:	Bose Automotive GmbH, Wolf-Hirthstr.9, 73730 Esslingen
	Interviewpartner:	Lise Lubbersen (Marketing Specialist)
	Termin:	19.12.2009
9	Firma:	Porsche Lizenz- und Handelsgesellschaft mbH & Co. KG, Porschestraße 1, 74321 Bietigheim-Bissingen
	Interviewpartner:	Inga Hofmann (Head of Retail Marketing and Visual Communication)
	Termin:	20.01.2009
Medien		
10	Firma:	RTL2 Fernsehen GmbH & Co. KG, Lil-Dagover-Ring 1, 82031 München-Grünwald
	Interviewpartner:	Kathrin Schmitz (Senior Projektmanager Events und Kooperationen)
	Termin:	10.12.2008
11	Firma:	ProSieben/Sat1 Media AG, Gutenbergstr. 3, 85774 Unterföhring
	Interviewpartner:	Oliver Kempfer (Stellvertretender Marketingleiter) Christina Leucht (Produktmanagement Information und Magazine)
	Termin:	17.12.2008
Lebensmittel		
12	Firma:	Moët Hennessy Deutschland GmbH, Seidlstr. 23, 80335 München
	Interviewpartner:	Thomas Baum (Key Account Manager B2B)
	Termin:	10.12.2008.
Bankwesen		
13	Firma:	Berenberg Bank, Joh. Berenberg, Gossler & Co. KG, Neuer Jungfernstieg 20, 20354 Hamburg
	Interviewpartner:	Karsten Wehmeier, (Leitung Unternehmenskommunikation)
	Termin:	19.12.2008

Firma:	SUNSEEKER Germany GmbH
Interviewpartner:	Frank Schlaack und Sylvia Loeber
Position:	Geschäftsführung und Assistenz
Projekttitel:	Event mit Porsche Deutschland und Moet Hennessy, Mallorca
Termin:	08.12.2008

Was sind aus Ihrer Sicht Motive für eine Markenkooperation?

- Beteiligte Marken sollten von der Zusammenarbeit profitieren und Ihr Image aufwerten können.

Welche Ziele verfolgen Sie mit Markenkooperationen?

- Generierung qualifizierter Adressen
- Abschlüsse zu erzielen.

Welchen Stellenwert nehmen Markenkooperationen in der Marketingstrategie Ihres Unternehmens ein?

- Langfristig strategisch ausgerichtete Planung für potentielle Partner wird nicht betrieben, da nur wenige Marken in Frage kommen und diese Partnerschaften sich aus persönlichen Gesprächen entwickeln.

Andere Kooperationen: Was zeichnet ein kooperationsfähiges Projektteam aus?

- Professionalität
- Know-how/Fachwissen
- Schaffung von Routine
- Einfühlungsvermögen für den Partner.

In welche Phasen lassen sich Planung und Durchführung der Kooperation aus Ihrer Sicht einteilen?

- Idee
- Partnersuche/Abgleich der Ziele
- Brainstorming mit dem Partner zum Projektkonzept
- Durchführung
- Nachbesprechung.

Andere Kooperationsprojekte:

- Seit zwei Jahren wird mit der Berenbergbank ein Golfturnier inkl. Yachtfahrten veranstaltet zu dem die top 130 Kunden eingeladen werden.
- Bentley Event auf der Messe „Boot“: 40 Bentley Kunden erleben eine hochkarätige Abendveranstaltung im kleinen Rahmen z.B. Kochkurs
- Es werden jährlich immer wieder stattfindende Kooperationsevents geplant, mit mittlerweile schon langfristigen Partnern z.B. ein Polo Sport Turnier

Formen von Markenkooperationen:

- Ingredient Branding durch gemeinsames Branding eines Bootes durch die Werft und Sunseeker Germany als Vertriebsgesellschaft.
- Co-Promotion durch hochkarätige Kundenevents.

Wie haben Sie Ihren Kooperationspartner gefunden (Suchfelder)?

- Über persönliche Kontakte und Netzwerke.

Wie ist das Kooperationskonzept entstanden und was sind die zentralen Punkte der Zusammenarbeit?

- Vorbereitungszeit für ein einmaliges großes Event von mindestens 6 Monaten
- Langfristige Partnerschaften sind von Vorteil, da sich die Planungszeit durch die Routine erheblich verkürzt.
- Idee für ein Event mit Porsche Deutschland kam von Frank Schlaack.

Wie gehen Sie bei der Überprüfung des Marken- und Zielgruppen-Fits vor?

- Zielgruppenfit wird über die Marke des Partners herausgefunden
- Weiterer Fit-Faktor ist die Ausrichtung auf den Kunden, als Teil der Unternehmensphilosophie.

Häufig wird die Qualität der persönlichen Beziehung als wichtiges Erfolgskriterium gehandelt, entspricht das auch Ihren Erfahrungen?

- Ja, die persönliche Beziehung ist zentral für die Effektivität der Arbeit.

Wie wird die Zusammenarbeit organisatorisch gestaltet?

- Organisation der Events meistens ohne Agentur.
- Wenn der Event aufwendig und auf Einmaligkeit angelegt ist, wie in diesem Fall, zieht man eine Agentur hinzu.
- Aufgabenverteilung wird nach Expertise verteilt, jeder Partner macht das was er am professionellsten umsetzen kann.
- Sunseeker Germany ist häufig für den Auftritt zuständig.

Wie häufig findet im Kooperationsverlauf ein Austausch oder Treffen der Partneteams/ Kooperationsverantwortlichen statt? Finden daraufhin Anpassungen oder Veränderungen statt?

- Anfangs gemeinsames Brainstorming und Zielsetzung
- Später regelmäßiger Austausch via Email/Telefon
- In mehreren Monatsabständen persönliche Treffen für Lokationschecks oder Muster-Auswahl.

Führen Sie während der Durchführung der Kooperation eine Erfolgskontrolle durch?

Welche Kennzahlen werden untersucht? Wie sieht die Erfolgskontrolle danach aus?

- Keine konkrete Erfolgskontrolle möglich
- Direkt im Anschluss generierte Abschlüsse und Adressen sind Erfolgsindikatoren.

Können Sie auch sog. „Soft-Factors" wie Imageeffekte auf den Kunden messen?

- Nein.

Wie bewerten Sie die Vorteile dieser Kooperation aus der Kundenperspektive?

- Ein individuell auf die Kunden abgestimmtes Event, welches nicht zu kaufen ist
- Individuelle Betreuung ist in besonderem Maße möglich
- Sehr diskrete Art und Weise an den Kunden heranzutreten
- *„Die „ Vorarbeit" ist der wichtigste Teil. Das Aussuchen der qualifizierten Teilnehmer ist zu 80% erfolgsweisend."* Diese Segmentierung beginnt bei dem richtigen Part-

ner. Dessen Kunden können sich im besten Fall alle Luxusgüter dieser Preiskategorie leisten.

Haben Sie schon einmal eine Markenkooperation abgebrochen?

- Der Auftritt, der durch ein anderes Unternehmen für eine Messe organisiert wurde, war nicht professionell. Die Umsetzung der Ideen war aufgrund von fehlender Erfahrung nicht gelungen und nicht selbsterklärend für den Besucher. Außerdem war die Anordnung der Produkte unlogisch.

Was sind aus Ihrer Sicht die Erfolgsfaktoren von kurzfristigen und langfristigen Markenkooperationen?

- Richtiger Partner
- Richtige Zielgruppe
- Richtige Idee.

Woran erkennen Sie letztendlich den Erfolg?

- Generierte Abschlüsse, Umsatzsteigerung.

Welche Aspekte müssen zwischen den Kooperationspartnern im Vorfeld auf jeden Fall geklärt werden?

- Ziele
- Erwartungen an das Projekt
- Kostenumfang-, und Verteilung
- Verteilung der Aufgaben

  „Ein Vertrag ist dann nicht nötig, wenn das nötige Vertrauen besteht und die Teams auf beiden Seiten professionell arbeiten. Der Bedarf eines Vertrags hängt auch von der Größe des Partnerunternehmens ab. Wenn das Partnerunternehmen viel größer ist, wird ein Vertrag benötigt"

Was sind aus Ihrer Sicht die kritischen Faktoren, die eine Kooperation zum Scheitern veranlassen könnten?

- Wenn ein Partner seine Ziele nicht erreicht sieht und nicht das Minimum an Output für seine Marke aus dem Event ziehen kann, da beispielsweise die Rahmenbedingungen nicht gegeben waren.

  Bsp: Schlechtes Wetter, Rennwagen können nicht gefahren werden.

Bsp: Polo Event auf dem Land erbrachte keine zufriedenstellende Ergebnisse, da das eigene Produkt nur betrachtet und nicht getestet werden konnte.

„Für die Zukunft wissen wir, machen wir nur noch Events auf dem Wasser oder auf einer Messe, dort wo das Umfeld zum Thema Yachten passt.“

Firma:	AUDI AG
Interviewpartner:	Marcus Fischer
Position:	Personalmarketing, Neue Medien
Projekttitel:	JOBSTAIRS (www.jobstairs.de)
Termin:	12.12.2008

Was sind aus Ihrer Sicht Motive für eine Markenkooperation?

- 1&1 ist mehr als 2
- Zusätzlicher Imagegewinn, wenn es die richtigen Marken sind
- Beide Marken sollten von der Zusammenarbeit profitieren und Ihr Image aufwerten können.

Welche Ziele verfolgen Sie mit Markenkooperationen?

- Schaffung von Mehrwert aus Marketingsicht
- Gemeinsamer Auftritt soll beteiligte Marken attraktiver machen
- Nutzung von Synergie-Potentialen; Was kann man gemeinsam günstiger machen?
- Gegenseitiges Voranbringen durch Austausch unter den Mitgliedern der Kooperation.

Welchen Stellenwert nehmen Markenkooperationen in der Marketingstrategie Ihres Unternehmens ein?

- In der Automobilindustrie als Ganzes sieht Herr Fischer das Thema Kooperationen nicht mehr wegzudenken um vor allem Kosten zu sparen und Entwicklungskosten zu senken

- Markenkooperationen als Teil der Marketingstrategie werden aus Sicht des Gesamtunternehmens nicht strategisch geplant.

Was zeichnet ein kooperationsfähiges Projektteam aus?

- Ein gemeinsames Zielverständnis
- Teamfähigkeit der Beteiligten
- Kompromissbereitschaft
- Das Team sollte sich aus Charakteren unterschiedlicher Stärken zusammensetzen.

In welche Phasen lassen sich Planung und Durchführung der Kooperation aus Ihrer Sicht einteilen?

- PHASE 1(Kein halbes Jahr):

Findungsphase; Problembeschreibung; und Zusammenlegen der Kräfte zur Lösung des Problems; Austausch/Brainstorming; Wie könnte eine gemeinsame Zielausarbeitung für ein Jobportal rechtlich aussehen? Welche Ziele sollen verfolgt werden? Abgrenzung zu anderen Jobbörsen.

- PHASE 2 (Fast ein Jahr):

Alle zwei Monate ca. 4 h Meeting; Endgültige Festlegung der Rahmenbedingungen; Nutzung der Zeit zwischen den Meetings, um neue Partner an Bord zu holen und neue Ideen zu generieren; Eine Grundbedingung war, dass zum Start mindestens 20 Unternehmen am Projekt teilnehmen.

- PHASE 3: (Dreiviertel Jahr):

Konzeptionserstellung; Auswahl der Dienstleister; Name der Plattform; CI-Entwicklung; Äußerste Geheimhaltungsverpflichtung→Ein extremes Gemeinschaftsgefühl und Vertrauen wurde generiert, was die Arbeit extrem effektiv machte und eine schnelle Entscheidungsfindung ermöglichte.

- PHASE 4:

Going-live; Entwicklung und Einsatz eines Argumentationsleitfadens (Warum ist Jobstairs für Audi wichtig und effektiv?); Weitere Partnergewinnung, (je mehr Mitglieder umso kostengünstiger ist die Beteiligung für den Einzelnen); Ausgewählte Firmen werden eingeladen sich zu beteiligen (Top Company Jobbörse): Gesamtkundenforum, heute bis zu 70 Personen, wobei es Strategieforen und Marketingforen von 6-8 Personen gibt, in denen die Gesamtkundenforen fachlich vorbereitet werden.

Formen von Markenkooperationen:

- Co- Branding durch Produkt Jobstairs, auf der Plattform sind alle Logos vertreten und Jobstairs wird auch auf andern Seiten verlinkt, falls dort kein Job gefunden wird („Huckepackkonzept")
- Medienpartnerschaft mit der FAZ
- Promotionsevents z.B. Messen

Wie haben Sie Ihren Kooperationspartner gefunden (Suchfelder)?

- Unternehmen kommen auf Jobstairs zu, oder werden von Teilnehmern angesprochen, da man ein breites Branchenangebot offerieren möchte.
- Potentielle Partner werden unter Anderem zu einem „Jobstairs Exklusive Dinner" eingeladen. Aktuelle Jobstairs Partner stellen hier den potentiellen Partnern dar, warum sie dabei sind.

Wie ist das Kooperationskonzept entstanden und was sind die zentralen Punkte der Zusammenarbeit?

- Im Rahmen mehrerer gemeinsamer Meetings/Veranstaltungen für Personaler
- Idee entstand 2001, Go-Live war am 27.03.2003 mit 20 Unternehmen und war 2008 fünf Jahre alt, mit rund 50 Unternehmen an Bord (Erreichen des ersten Ziels). Heute wird eine Mitgliedschaft von 100 Unternehmen nicht mehr ausgeschlossen.
- Betrieben wird Jobstairs von Milch und Zucker, einer Multimediaagentur in Bad Homburg und koordiniert von Prof. Dr. Jäger, Prof. für Medienwirtschaft in Wiesbaden.
- Rechtssicherung wird von Milch und Zucker wahrgenommen und es wird sehr kundenorientiert gehandelt, das heißt, jeder Partner muss mit den Entscheidungen zufrieden sein.
- Einmal im Jahr findet eine gemeinsame Veranstaltung statt: Das HR Symposium, externe Experten halten hierbei Vorträge.
- Es wird immer schwieriger jeden weiteren Partner genauso zu begeistern („infizieren"), dass er sich auch stark engagiert.

Wie gehen Sie bei der Überprüfung des Marken- und Zielgruppen-Fits vor?

- Die Assoziationen die mit der Marke eines bestimmten Unternehmens gemacht werden, müssen die Ernsthaftigkeit, Seriosität und die Philosophie von Jobstairs widerspiegeln.
- Eigene SWOT Analyse.

Häufig wird die Qualität der persönlichen Beziehung als wichtiges Erfolgskriterium gehandelt, entspricht das auch Ihren Erfahrungen?

- Ja, das war das Erfolgskriterium der ersten Jahre, mit zunehmender Größe der Organisation wird das weniger relevant, aber für den Start des Projekts war es unabdingbar und schaffte die nötige Vertrauensbasis.
- **Wie wird die Zusammenarbeit organisatorisch gestaltet?**
  Milch und Zucker (Agentur) vertritt Jobstairs nach außen inkl. eines offiziellen Sprechers für Jobstairs, Dieser wird meist von Vertretern der Großunternehmen in wechselnder Besetzung unterstützt.
- Die Koordination der Jobbörse und der damit zusammenhängenden Aktivitäten erfolgt durch die DJM GmbH, Wiesbaden.
- Vor wichtigen Entscheidungen wird eine Meinungsumfrage unter Unternehmensnutzern geschalten, die Ergebnisse werden bei der Entscheidungsfindung berücksichtigt.

Wie häufig findet im Kooperationsverlauf ein Austausch oder Treffen der Partnerteams/Kooperationsverantwortlichen statt? Finden daraufhin Anpassungen oder Veränderungen statt?

- Zwei/dreimal im Jahr findet ein Gesamtkundenforum für alle teilnehmenden Partner statt, die sich über ihre Erfahrungen und Probleme austauschen und zusammen mit den Betreibern das weitere Vorgehen besprechen. „70 Leute treffen aufeinander, die genau wissen, was die anderen jeweils durchmachen". Die Fachforen finden jeweils im Vorfeld statt und bei Bedarf auch häufiger.
- Das HR-Symposium findet einmal jährlich statt, ebenso ist geplant, die 2008 zum ersten mal veranstaltete Jobstairs Karriere Messe jährlich zu veranstalten.

Zum Thema Imageverbesserung von Audi:

- Da Jobstairs nur „Top Companies" aufnimmt und Audi ein Teil davon wurde, konnte das Image nachhaltig positiv beeinflusst werden.
- Ein Indiz für die erfolgreiche Durchführung ist das Profilo Jobbörsenranking bei dem Jobstairs seit seinem Bestehen bisher immer gewann.

Führen Sie während der Durchführung der Kooperation eine Erfolgskontrolle durch?

- Ja.

Welche Kennzahlen werden untersucht? Wie sieht die Erfolgskontrolle danach aus?

- Einstellungen und Bewerbungen über die Jobbörse
- Zugriffe aus anderen Ländern auf die Seiten von Jobstairs
- Besucher auf Messen
- Teilnahmen an Gewinnspielen.

Können Sie auch sog. „Soft-Factors“ wie Imageeffekte auf den Kunden messen?

- Nein.

Wie bewerten Sie die Vorteile dieser Kooperation aus der Kundenperspektive?

Für teilnehmende Firmen:

- Man ist Teil einer Community
- Austausch mit den Kollegen möglich, die sehr ähnliche Erfahrungen machen
- Sehr günstige Jobbörse.

Für den Endkonsumenten, den Bewerber

- Qualitätsversicherung da nur Top-Unternehmen
- Starke Fokussierung auf Anwenderfreundlichkeit ‚dem „Job suchen“, mit dem nächsten Klick ist der Nutzer schon auf der Seite des Unternehmens
- Suchmöglichkeit nach Regionen, Funktionen, oder Firmen direkt.

Haben Sie schon einmal eine Markenkooperation abgebrochen?

- Zwei Unternehmen schieden kurzfristig durch konzerninterne Änderungen und veränderte Rahmenbedingungen aus, sind aber heute wieder dabei.

Was sind aus Ihrer Sicht die Erfolgsfaktoren von kurzfristigen und langfristigen Markenkooperationen?

- Gemeinsames Zielverständnis, besonders bei einem so großen Projekt
- Das gemeinsame Verständnis von Moral und Ethik
- Verlässlichkeit bei den Partnern.

Woran erkennen Sie letztendlich den Erfolg?

- Bewerber und Einstellungen
- Gewinn bei Jobbörsenranking
- Zuwachs an Unternehmen.

Welche Aspekte müssen zwischen den Kooperationspartnern im Vorfeld auf jeden Fall geklärt werden?

- Ziele
- Verantwortlichkeiten
- Rahmenbedingungen
- Wo sind die Grenzen der Handlungsfreiheit jedes Unternehmens
- Was könnte man noch machen, Erweiterung des Programms.

Was sind aus Ihrer Sicht die kritischen Faktoren, die eine Kooperation zum Scheitern veranlassen könnten?

- Gegen den Willen der anderen stellen, sich versuchen mehr ins Licht oder weiter nach vorn zu stellen und gemeinsame Ziele und Abmachungen nicht einhalten.

Firma:	PORSCHE Deutschland GmbH
Interviewpartner:	Martin Fischer
Position:	Leitung Nationale-, internationale Kooperationen, Fahrzeugpool
Projekttitel:	Kundenevent Mallorca mit Sunseeker, Moët Hennessy und Berenbergbank
Termin:	22.01.2009

Welche Ziele verfolgen Sie mit Markenkooperationen?

- Erschließung neuer Zielgruppen
- Generierung von Adressen
- Umsetzung von Visibility
- Soziale Akzeptanz der Marke Porsche.

Welchen Stellenwert nehmen Markenkooperationen in der Marketingstrategie Ihres Unternehmens ein?

- Die Thematik nimmt einen sehr hohen Stellenwert ein. Porsche Deutschland hat für Target Leisure Kooperationen ein eigenes Team etabliert, welches zudem den Fahrzeugpool verwaltet. Target Business Kooperationen und klassisches Markensponsoring wird außerdem in der Abteilung an anderen Positionen behandelt. Zu Unterscheiden zwischen Kooperationen im
  - Target Leisure Bereich
  - Target Business Bereich
  - Markenkooperationen (Porsche Sports Cup, Klassisches Sponsoring von Michelin)

„Kooperationen setzen nicht bei Interessenten an, sondern schon bei Sympathisanten. Mit den Kooperationsaktivitäten sollen Sympathisanten oder Personen die sich noch keine Meinung

gebildet haben zu Interessenten gemacht werden. Der Job der Porsche Zentren ist dann diese Interessenten zu Käufern zu machen."

Was zeichnet ein kooperationsfähiges Projektteam aus?

- Teamgedanke: Ineinandergreifen
- Offenheit
- Fachkenntnisse
- Begeisterung für die Produkte und die Fähigkeit diese, sowie die Porsche Philosophie auf einen Kunden übertragen zu können.
- Aus verschiedenen Bereichen , aus dem technischen Bereich und dem Marketing Bereich
- Team mit einigen Spezialisten die ein Ganzes bilden und sämtliche Facetten abdecken um einen homogenen und sympathischen Auftritt zu erzielen.

In welche Phasen lassen sich Planung und Durchführung der Kooperation aus Ihrer Sicht einteilen?

- Idee
- Suchen adäquater Partner: „Score-list", durchleuchtet die Zielgruppe /soziodemokratische Daten (Nettohaushalte, Fahrzeugwahl, Freizeitinteressen ecetera)
- Innerhalb weniger Tage lässt sich die Kompatibilität zum Partner feststellen
    - Idee -Findung: Wo liegt die gemeinsame Plattform, wo liegen die Interessen der gemeinsamen Zielgruppe (Freizeitbereich, Target Business, oder Markenkooperation (Kunden kommen dorthin wo Porsche ist))
    - Target Leisure: Porsche geht dorthin wo der Kunde ist, dort wo sie emotional ansprechbar und entspannt sind und wichtige Entscheidungsträger, der Partner, oder die Familie auch dabei ist.
- Konzeption des Projekts
- Budgetierung: Nach Freigabe wird Konzertiert
- Wenn es ein großes Projekt ist, gemeinsam mit einer Marketingagentur
- Bei der Durchführung ist immer Porsche Personal vor Ort, da der Familiengedanke, Mythos Begeisterung und Professionalität ausgestrahlt werden muss.
- Idee Dezember 07, Planung Februar 08, Scoring und Vorbereitung mit Agentur zwei bis drei Monate vor Start

„Der Kooperationsvertrag definiert die Leistungen und sichert das sie auch erbracht werden. Er verhindert, dass sich ein Partner zurücklehnt und denkt der andere macht das ja. Es spielt eine Rolle für die Seriosität des Projekts und der Arbeitsweise.“

„Weniger ist die Markenbekanntheit der Partnermarke ausschlaggebend für die Partnerwahl, vielmehr spielt das Kundensegment der Partnermarke eine Rolle, dieses muss genau selektiert sein, und darf möglichst keine Streuverluste zur potentiellen Porsche Zielgruppe ergeben.“

Formen von Markenkooperationen:

- Co-Promotion durch hochkarätige Kundenevents.

Wie haben Sie Ihren Kooperationspartner gefunden (Suchfelder)?

- Fast nur über persönliche Kontakte
- Mit einer guten Idee kommt jemand auf Porsche zu oder Porsche auf andere Marken, wenn diese hohes Trendpotential haben.
- Partnersuche: *„Wenn man den perfekten Partner findet, schon bevor er im Premium Segment angesiedelt ist, muss man zuschlagen, da kurze Zeit später dann viele Marken Schlange stehen.“*

Wie ist das Kooperationskonzept entstanden und was sind die zentralen Punkte der Zusammenarbeit?

- Brainstorming
- Konzeptentwicklung
- Budget ermittelt/Sponsoren
- Lokationscheck.

Wie gehen Sie bei der Überprüfung des Marken- und Zielgruppen-Fits vor?

- „Score-list“
- Marktanalysen
- Trends aufspüren.

Häufig wird die Qualität der persönlichen Beziehung als wichtiges Erfolgskriterium gehandelt, entspricht das auch Ihren Erfahrungen?

- Es sollte normalerweise keinen Unterschied machen sobald die Ziele, sowie die Zielgruppen übereinstimmen
- Wenn die Arbeit professionell ist, spielt es keine vordergründige Rolle.

Wie häufig findet im Kooperationsverlauf ein Austausch oder Treffen der Partnerteams/Kooperationsverantwortlichen statt? Finden daraufhin Anpassungen oder Veränderungen statt?

- Alle Medien
- Persönliche Treffen für Entscheidung der Meilensteine wie z.B. Lokation

Führen Sie während der Durchführung der Kooperation eine Erfolgskontrolle durch? Welche Kennzahlen werden untersucht? Wie sieht die Erfolgskontrolle danach aus?

- Generierte Adressen
- Verkaufte Fahrzeuge
- Feedback der Presse und der Kunden vor Ort.

Können Sie auch sog. „Soft-Factors" wie Imageeffekte auf den Kunden messen?

- Nein.

Wie bewerten Sie die Vorteile dieser Kooperation aus der Kundenperspektive?

- Feststellung des Mehrwert in einem Event/Erlebnis welches man nicht kaufen kann
- Vielfalt an hochwertigen Marken, die man sonst nie so einfach und direkt testen kann
- Bestmögliche Betreuung

Haben Sie schon einmal eine Markenkooperation abgebrochen?

- Wenn Events zu kostspielig werden
- Wenn der Preis der generierten Adresse nicht mehr in Relation zu den Kosten steht

„Das Thema Markenkooperationen nimmt an Wichtigkeit zu, da man die Möglichkeit hat gezielt Sympathisanten anzusprechen , nicht auf dem breiten Feld, sondern in einer überschaubaren selektierten Gruppe, und man Markenwerte und Sympathie transferieren kann. Durch die Überschaubarkeit hat man die Chance die Aktion sehr kundenorientiert und zielorientiert zuzuschneiden, man seinen Gegenüber kennt und auf Sie oder Ihn eingehen kann."

Was sind aus Ihrer Sicht die Erfolgsfaktoren von kurzfristigen und langfristigen Markenkooperationen?

- Kompatibilität der Zielgruppen
- Partner im Premium Segment
- „Abgescorte" Zielgruppe
- Wenig Streuverlust

- Attraktive gemeinsame Events, die Einmaligkeitscharakter haben
- Sympathie
- Professionalität
- Langfristige Kooperationen.

Woran erkennen Sie letztendlich den Erfolg?

- Fahrzeugverkäufe.

Welche Aspekte müssen zwischen den Kooperationspartnern im Vorfeld auf jeden Fall geklärt werden?

- Welche Personen wollen wir ansprechen
- Wie sind die Aktivitäten aufgebaut
- Wie sprechen wir die Zielgruppe an
- In welcher Qualität und Form erfolgt die Ansprache.

Was sind aus Ihrer Sicht die kritischen Faktoren, die eine Kooperation zum Scheitern veranlassen könnten?

- Wenn im Vorfeld nicht sorgfältig geprüft wird
- Wenn man sich rein von Emotionen leiten lässt
- Wenn vertraglich Zuständigkeitsbereiche nicht konkret definiert sind
- Wenn ein Partner weniger professionell agiert.

Firma:	Best Western Hotels Deutschland GmbH
Interviewpartner:	Jörg Englerth
Position:	Verkaufsdirektor Touristik
Projekttitel:	Happy Digits Megabrand-Kooperationsmitglied
Termin:	18.12.2008

„Was wir festgestellt haben ist, dass diese Unternehmen zusammenpassen müssen, A von der Struktur, wie die Unternehmen aufgestellt sind, B die Größe der Unternehmen ist sehr abhängig voneinander, es kann nicht ein kleines Unternehmen mit einem sehr großen Unternehmen kooperieren. Auch das Kundenportfolio muss ähnlich sein, sowohl von der Altersstruktur her als auch von der Anzahl der Mitglieder oder Kunden, die in diesem Portfolio sind."

Was sind aus Ihrer Sicht Motive für eine Markenkooperation?

- Neue Zielgruppen zu erreichen, die über die klassischen Vertriebskanäle nicht zu erreichen sind
- Das Interesse von Menschen wecken, die nicht auf die Idee kommen würden überhaupt mit Best Western in Kontakt zu treten
- Vor allem soll die Brand Awareness wachsen, damit die Marke nach außen getragen wird.

Welche Ziele verfolgen Sie mit Markenkooperationen?

- Zielgruppenerweiterung
- Wissen aus neuen Bereichen erlangen

→ *„Durch Happy Digits hat man Kontakt mit anderen Unternehmen und kann sich austauschen. In regelmäßigen Partnermeetings mit den Partnern die von Banken bis* *hin zu Autovermietung reichen, erfährt man, was ist erfolgreich, was funktioniert und was nicht."*

„Das interessante ist, dass die Kundendatenbanken im Hintergrund der Unternehmen wachsen, nicht nur an Anzahl der Mitglieder sondern auch an Informationen über die Kunden und Ihre Interessen. Ziel ist einmal den klassischen gläsernen Kunden zu erreichen und z.B. zu wissen, ob ein Kunde in den letzten 12 Monaten mit Golf in Berührung kam, einen Golfschläger kaufte oder ein Buch zum Thema Golf. Daten die Happy Digits zur Verfügung stellen kann und aus welchen sich schließen lässt, dass dieser Kunde zur Zielgruppe für Golfhotelangebote gehört. Hat man diese Information, ist man in der Lage diesen individuell mit Golfangeboten zu bedienen."

Welchen Stellenwert nehmen Markenkooperationen in der Marketingstrategie Ihres Unternehmens ein?

- Sehr hoher Stellenwert und Aufgabe mehrerer Personen im Team
- Kooperationen werden strategisch geplant und haben eine Umsatzsteigerung zum Ziel.

Was zeichnet ein kooperationsfähiges Projektteam aus?

- *„Sie brauchen Spezialisten, das können Sie nicht herunterreißen indem Sie sagen, ich habe hier einen Kooperationsmanager und der kümmert sich um alle Belange die den Kooperationspartner und eigene Belange betreffen. Sie müssen da mit einem Team aufgestellt sein. Sie brauchen einen Kommunikations-Spezialisten, sie brauchen einen Produktmanager dazu und jemanden der sich um das Tagesgeschäft kümmert z.B. einen Ansprechpartner falls gesammelte Punkte nicht gutgeschrieben wurden."*
- Einmal im Jahr wird ein Kommunikationsplan in Zusammenarbeit mit Happy Digits erstellt, dieser wird vom Kommunikationsspezialisten erstellt, der auch dafür verantwortlich ist, dass die Informationen die für den Partner wichtig sind zu gegebener Zeit auch zur Verfügung stehen.

Persönliche Eigenschaften:

- Zuverlässigkeit
- Ehrlichkeit
- Relativ extrovertierte und kommunikative Personen.

In welche Phasen lassen sich Planung und Durchführung der Kooperation aus Ihrer Sicht einteilen?

- Erstellen eines Business Case um benötigten Input mit möglichem Output zu vergleichen. Bei Kooperationsgeschäften ist der reine Erlös schwer zu berechnen, da z.B. Brand Awareness und weitere nicht monetäre Größen rein subjektiv bewertbar sind.
- Jahresverträge verlängern sich automatisch, da langfristige Partnerschaften angestrebt werden.

  „Eintagsfliegen wie einjährige Zusammenarbeit bringen meistens nichts, da die Nachhaltigkeit einen hohen Stellenwert hat und sich solche Pay-back Systeme erst in den Köpfen der Kunden etablieren müssen. Kunden müssen erst lernen, dass Best Western mit im Boot sitzt und welche Vorteile daraus zu ziehen sind."
- *„Wenn der Unternehmens- und Zielgruppenabgleich positiv ist, (Kundenprofil: Altersstruktur, Freizeitinteressen, Haushaltseinkommen, Personen/Haushalt..) geht es um Exklusivitätsklauseln. Sie sind wichtig, denn wenn in einem Prämienprogramm viele Hotelketten inbegriffen sind [...] wird der Mehrwert, quasi das Qualitätssiegel, nichtmehr erkennbar für den Kunden."*

Andere Kooperationsprojekte:/

Formen von Markenkooperationen:

- Megabrand-Kooperation: Happy Digits Mitglied

Wie haben Sie Ihren Kooperationspartner gefunden (Suchfelder)?

- Happy Digits ist auf Best Western zugegangen.

Wie ist das Kooperationskonzept entstanden und was sind die zentralen Punkte der Zusammenarbeit?

- Happy Digits hatte bereits ein ausgebautes Bonus System, bei dem der Kunde von Happy Digits bei jedem Flug, jedem Hotelbesuch bei Best Western oder den Angeboten der anderen Mitglieder Punkte sammeln kann, die er sich durch andere Leistungen ab einer bestimmten Menge Punkten in einer anderen Form wieder ausbezahlen lassen kann.

Wie gehen Sie bei der Überprüfung des Marken- und Zielgruppen - Fits vor?

- Gegenseitiger Austausch der Kundendaten und Abgleich gemeinsamer Ziele.

Häufig wird die Qualität der persönlichen Beziehung als wichtiges Erfolgskriterium gehandelt, entspricht das auch Ihren Erfahrungen?

- Der Spaß-Faktor zählt für eine gute Zusammenarbeit
- Arbeit wird effektiver dadurch.

Wie wird die Zusammenarbeit organisatorisch gestaltet?

- Aufgabe von Happy Digits ist die Kommunikation in Print und Online Medien
- Den Input dafür liefert Best Western
- Austausch quartalsweise und je nach Aktion auch häufiger, Einzelaktionen werden auch ausgewertet
- Best Western erhält als HD Mitglied in regelmäßigen Abständen die aktualisierten Kundendaten zugespielt, sodass bei Änderung der demographischen Daten sofort reagiert werden kann.

Wie häufig findet im Kooperationsverlauf ein Austausch oder Treffen der Partnerteams /Kooperationsverantwortlichen statt? Finden daraufhin Anpassungen oder Veränderungen statt?

- Über alle Medien
- Persönliche Treffen je nach Gewichtung. Bei größeren Aktionen trifft man sich selbst zu Brainstormings und thematisch geführten Treffen.

Führen Sie während der Durchführung der Kooperation eine Erfolgskontrolle durch?

- Ja, andauernd.

Welche Kennzahlen werden untersucht? Wie sieht die Erfolgskontrolle danach aus?

- Buchungszahlen
- Nutzung des Programms
- Zufriedenheit der Mitarbeiter/Hoteliers
- Neukundenzuwachs.

Können Sie auch sog. „Soft-Factors“ wie Imageeffekte auf den Kunden messen?

- Image Studie von http://www.bdrc.co.uk/ hier wurde Best Western als das beste Business Hotel in Deutschland 2008 bewertet. Studie wurde im Laufe des Jahres 2009durch Pressetexte veröffentlicht.

Wie bewerten Sie die Vorteile dieser Kooperation aus der Kundenperspektive?

- Für ein breites Spektrum an Leistungen braucht man nur ein Kundenbindungssystem
- Kostenvorteil durch das Sammeln von Meilen.

Haben Sie schon einmal eine Markenkooperation abgebrochen?

- Ein Farbenhersteller wollte Übernachtungsgutscheine auf den Eimer Farbe kleben. Er wollte die Werbekosten tragen und Best Western sollte die Übernachtung liefern, was aber von der Wertigkeit nicht vergleichbar war. (70-80 € für eine Übernachtung im Vergleich zu einem Eimer Farbe)
- Angst vor Imageverlust: Best Western arbeitete eng mit Reiseveranstaltern zusammen, die Kooperationen mit Plus, Lidl und Aldi eingingen. Wobei hier die Zielgruppen von Discountern sehr stark variieren und eine große Reichweite erreicht wird.
  Vor allem wird eine starke werbetechnische Penetration des Marktes durch das Kaufen von ganzen Seiten z. B. in der FAZ oder BILD erreicht. Wenn Best Western auf dieser Seite erwähnt wird, dann wird eine enorme Awareness für die Marke erzielt.
  Erfolgreiche Zusammenarbeit mit einem Partner, dieser hat Veränderungen des Marktes nicht wahrgenommen und Mitgliederzahlen sind zurückgegangen.Rettungsversuche haben nicht gefruchtet und trotzdem ist er weiterhin auf seinem Standpunkt den Partnern gegenüber stehen geblieben. D.h. der Werbekostenzuschuss sollte derselbe sein, obwohl sich die Auflage halbiert hat.

Was sind aus Ihrer Sicht die Erfolgsfaktoren von kurzfristigen und langfristigen Markenkooperationen?

- Kooperationen von Best Western sind alle langfristig angelegt, da sehr viel Arbeit und Zeit investiert werden muss, vor allem anfangs, und die Früchte bei dem Thema meist erst viel später erfolgen.
- Harmonie zwischen den Partnern (gleiches Interesse und Ziele) sich „grün“ sein, offen und ehrlich sein.
- Alle Partner müssen zufrieden sein mit der Arbeit den Kunden und dem Ergebnis. Das Ergebnis muss in einer Form messbar sein. D.h. es muss Brand Awareness, ein monetärer Erlös oder auch Zufriedenheit der Hoteliers(Mitarbeiter) gegeben sein.
  „Als Kooperationspartner sitzt man in einem Boot und jeder hat ein Ruder. Doch wenn einer schneller Rudert als der andere dreht man sich im Kreis.“

Woran erkennen Sie letztendlich den Erfolg?

- Imageeffekte bestätigt durch die BDRC Studie
- Umsatzsteigerung
- Klickzahlen
- Registrierung für den Email-Newsletter.
- Nutzung von happy digits als Programm, jedoch ist die Auswertbarkeit schwierig, da der Kunde wahrscheinlich auch andere Karten benutzt und das Buchen des Hotels nicht genau auf das Programm von happy digits zurückzuführen ist.

Welche Aspekte müssen zwischen den Kooperationspartnern im Vorfeld auf jeden Fall geklärt werden?

- Rechtliche Grundlagen, da nicht nur auf deutschem Recht basierend: Teilnehmende Unternehmen sind international rechtlich verankert und diese Rechte müssen in der Zusammenarbeit alle beachtet werden
- Finanzielle Beteiligungen und was passiert, wenn der finanzielle Aufwand höher ausfallen sollte
- Härteklauseln, um sicherzustellen das Ausgestiegen werden kann und um zu klären in welchem Fall ausgestiegen werden darf
- Vertrag:
- Exklusivitätsklauseln
- Monetäre Ziele, Kommunikationsslot-Ziele
- Best Western muss auch Happy Digits kommunizieren (Newsletter, Email, Kataloge)
- Internet Auftritt
- In jedem deutschen Best Western Hotel ist das Happy Digits Logo zu sehen
- Spezielle Aktionen der Kooperation:
- Regelmäßige Aktionen für Happy Digits, z. B. 1.1. – 31.3. „Resturlaub“ Doppelte Digits für Happy Digit Kunden im Best Western Kunden.

Was sind aus Ihrer Sicht die kritischen Faktoren, die eine Kooperation zum Scheitern veranlassen könnten?

- Jeder Partner hat bestimmte Erwartungen: Wenn diese Erwartungen durch Fehlinterpretationen des anderen nicht erfüllt werden können ist ein Scheitern möglich.

Firma:	Best Western Hotels- Hotel Rebstock zu Würzburg
Interviewpartner:	Christoph Unckell
Position:	Geschäftsführender Gesellschafter
Projekttitel:	Porsche Visibility
Termin:	13.12.2008

Arrangement im Restaurant Rebstock
Lust auf ein scharfes Date?

Welche Ziele verfolgen Sie mit Markenkooperationen?

- Imagetransfer und Imagegewinn durch die Zusammenarbeit mit Porsche Deutschland
- Das Plus an Service für die Gäste.

Welchen Stellenwert nehmen Markenkooperationen in der Marketingstrategie Ihres Unternehmens ein?

- Das Thema Kooperationen stellt einen Bereich innerhalb der Marketingaktivitäten dar und da das Hotel ein kleineres Unternehmen mit rund 50 Mitarbeitern ist, wird keine strategisch angelegte Partneranalyse vorgenommen.

Was zeichnet ein kooperationsfähiges Projektteam aus?

- *„Für ein kooperationsfähiges Team braucht es vor allem wertschätzende Akzeptanz von positiven sowie negativen Eigenschaften des Partners. Außerdem zählen der Teamgedanke und die gemeinsamen Ziele. Man sagt ja immer Gruppe +Ziel = Team. Möchte man, dass sich ein Team selbst organisiert, muss man einen gewissen Rahmen vorgeben indem es sich dann frei bewegen kann. Das heißt Funktionen und Aufgaben müssen definiert und Ressourcen festgelegt sein, die Umsetzung liegt dann aber in der Teamverantwortung. So entstehen innovative Entwicklungen und Verbesserung."*

In welche Phasen lassen sich Planung und Durchführung der Kooperation aus Ihrer Sicht einteilen?

- 1) Findungsphase, Wie gestaltet man eine Kooperation damit sich für alle Seiten eine Win-Win Situation ergibt
- 2) Form, vertragliche Abmachung
- 3) Umsetzungsphase, (Testphase von rund 2 Monaten inkl. Kontrollschritte zur Zielerreichung für alle Partner)
- 4) Gästebefragung Zimmer Fragebogen, beim Check-Out auch Hinweis auf einen elektronischen Fragebogen.

Welche weiteren Markenkooperationsprojekte (kurz-, und langfristige) Ihres Unternehmens kennen Sie?

- Wellness-Bereich: Kooperation mit einem Sportstudio, Gäste trainieren dort kostenfrei & Mitarbeiter zu einem geringem Betrag .Beworben wird die gemeinsame Aktion auf der hoteleigenen Website.
- Vier kleinere Kooperationen: Ausstellung von Produkten regionaler Kleinbetriebe in Vitrinen die im Hoteleingangsbereich positioniert sind. (Spielwaren, Schreibwaren, Schmuck, Schneiderarbeit). Aus den Vitrinen kann direkt verkauft werden. Das Hotel wertet damit sein Service-Angebot weiter auf.

Formen von Markenkooperationen:

- Co-Branding: Der Porsche Cayenne, welcher zum Shuttle der Gäste verwendet wird, ist mit einem Hotellogo beklebt.
- Co-Promotion: Durch das Angebot des „ Cayenne-Dinner“ wird der Gast mit dem Cayenne zum Hotel und zurück ge-shuttled und hat die Möglichkeit selbst zu fahren.

Wie haben Sie Ihren Kooperationspartner gefunden (Suchfelder)?

- Persönliche Kontakte
- Das ansässige Porsche Zentrum kam auf das Hotel Rebstock zu.

Wie ist das Kooperationskonzept entstanden und was sind die zentralen Punkte der Zusammenarbeit?

- Der von Porsche zur Verfügung gestellte Cayenne S wird tagsüber zu Repräsentations-Zwecken vor dem Haus platziert (Hotel liegt zentral)
- Porsche Dinner wird auf der Webseite und durch eine Broschüre sowie Werbeanzeigen in regionalen Zeitungen beworben: Gäste werden zu Hause abgeholt und können,

wenn sie wollen, selbst fahren. Das Dinner enthält Cayenne-Pfeffer. Nach dem Dinner werden die Gäste wieder nach Hause gefahren.

- Der Leihvertrag läuft über den Zeitraum von einem Jahr und wird nach Ablauf bei erfolgreicher Zusammenarbeit verlängert.
- Porsche erzielt durch das Cayenne Dinner die Generierung potentieller Adressen, während das Hotel Rebstock durch die Marke Porsche einen positiven Imagetransfer erfährt.
- Das Angebot in Zusammenarbeit mit Porsche baut das Hotel über die Jahre immer weiter aus, da es sich mittlerweile herumgesprochen hat und hohen Anklang in der Region findet.
- Die Ideen hierfür gehen vom ganzen Hotelteam aus.

Wie gehen Sie bei der Überprüfung des Marken- und Zielgruppen-Fits vor?

- Eigene Intuition
- Mitarbeiter werden zum Teil auch in die Planungen miteinbezogen.

Häufig wird die Qualität der persönlichen Beziehung als wichtiges Erfolgskriterium gehandelt, entspricht das auch Ihren Erfahrungen?

- Die Vertrauensbasis muss gegeben sein
- Versteht man sich gut, ist die Zusammenarbeit effektiver.

Wie wird die Zusammenarbeit organisatorisch gestaltet?

- Porsche stellt das Fahrzeug und den geprüften Kooperationsvertrag zur Verfügung.
- Hotel Rebstock sorgt für den ordnungsgemäßen und präsentablen Zustand des Fahrzeugs und die Visibility durch das Platzieren des Fahrzeugs vor dem Hotel
- Ein Mitarbeiter des Hotels ist für den Shuttle der Gäste sowie die Adresszusendung an Porsche zuständig
- Das Hotel Rebstock entwirft das Angebot für seinen Kunden im Rahmen der Kooperation mit Porsche Deutschland

Wie häufig findet im Kooperationsverlauf ein Austausch oder Treffen der Partnerteams /Kooperationsverantwortlichen statt? Finden daraufhin Anpassungen oder Veränderungen statt?

- Regelmäßiges Feedback über Adresseneingang seitens Porsche

Führen Sie während der Durchführung der Kooperation eine Erfolgskontrolle durch?

- Fragebögen an die Gäste zu Serviceangebot, Atmosphäre und Qualität der Verköstigung
- Entwicklung des Angebots und Prüfung der Relevanz des Angebotsausbaus.

Welche Kennzahlen werden untersucht? Wie sieht die Erfolgskontrolle danach aus?

- Buchungen des Dinners
- Adressrücklauf
- Nachfragen von Kundenseite nach Informationen zum Service Angebot, zur Kooperation mit Porsche oder Nachfrage nach einer Probefahrt.

Können Sie auch sog. „Soft-Factors" wie Imageeffekte auf den Kunden messen?

- Nein.

Wie bewerten Sie die Vorteile dieser Kooperation aus der Kundenperspektive?

- Erlebnis im Porsche Cayenne fahren zu dürfen (auch selbst).
- Shuttle Service
- Innovative Geschenkidee.

Was sind aus Ihrer Sicht die Erfolgsfaktoren von kurzfristigen und langfristigen Markenkooperationen?

- *„Eine erfolgreiche Kooperation erkennt man daran, dass es gelingt Zusatznutzen für die Gäste zu generieren mit einem relativen Aufwand ,sprich mit einer positiven Nutzen/Aufwandrelation."*

Woran erkennen Sie letztendlich den Erfolg?

- Restaurant kann ausgelastet werden
- Positive Wahrnehmung der Kooperation wird durch Gäste - Feedback bestätigt
- Zusätzlicher Imagegewinn
- Nachfrage steigt
- Angebot gibt es seit zwei Jahren und ist ohne großen Werbeaufwand möglich
- Das Cayenne Dinner hat sich zum Selbstläufer entwickelt.

Welche Aspekte müssen zwischen den Kooperationspartnern im Vorfeld auf jeden Fall geklärt werden?

- Klare Rahmenbedingungen schaffen

- Wer kümmert sich um was (Benzin, Selbstbeteiligung bei Unfall, Rechte und Pflichten).

Was sind aus Ihrer Sicht die kritischen Faktoren, die eine Kooperation zum Scheitern veranlassen könnten?

- Wenn der Nerv der Gäste nicht getroffen wird und man an der Nachfrage vorbei anbietet.

Firma:	Estée Lauder
Interviewpartner:	Jana Trochymiuk
Position:	Manager Direktmarketing und Internet
Projekttitel:	Co-Promotion inkl. Gewinnspiel mit mytheresa
Termin:	17.12.2008

Welche Ziele verfolgen Sie mit Markenkooperationen?

- *„Da Estée Lauder eine sehr spitze Zielgruppe besitzt, welche schwierig zu finden ist, versucht man durch Kooperationen die Markenbekanntheit zu vergrößern und das Markenimage zu verbessern.*
- *In Zusammenarbeit mit starken Marken soll ein positiver Imagetransfer stattfinden."*

Welchen Stellenwert nehmen Markenkooperationen in der Marketingstrategie Ihres Unternehmens ein?

- Das Thema Kooperationspartner stellt nur einen kleinen Bereich innerhalb der Marketingaktivitäten dar und wird auch nicht in die strategische Planung einbezogen, auch wenn Estée Lauder viele Kooperationspartner hat.
- Stellt keinen Umsatzfaktor dar, sondern rein „On-Top Erlöse".

Was zeichnet ein kooperationsfähiges Projektteam aus?

- Kommunikationsfähigkeit
- Auf Leute zugehen

- Offenheit für Innovatives.

Andere Kooperationsprojekte:/

In welche Phasen lassen sich Planung und Durchführung der Kooperation aus Ihrer Sicht einteilen?

- Kontaktaufnahme
- Zueinanderfinden (was kann jede Seite zur Partnerschaft beitragen)
- Umsetzung
- Erfolgskontrolle.

Formen von Markenkooperationen:

- Online Co-Promotion durch die Bewerbung des gemeinsamen Gewinnspiels mit mytheresa.com auf deren Online Plattform und bei EsteeLauder.de

Wie haben Sie Ihren Kooperationspartner gefunden (Suchfelder)?

- Persönliche Kontakte
- Direkte Ansprache von möglichen Partnern
- Über Marketingagentur werden Partner vorgeschlagen.

Wie ist das Kooperationskonzept entstanden und was sind die zentralen Punkte der Zusammenarbeit?

- Idee kam von Estée Lauder welche an MyTheresa herantraten

  (Mytheresa ist ein Fashion Store in München der Luxuslabels führt und auch einen online Auftritt betreibt)
- Gemeinsam wurde ein Newsletter an registrierte Kunden versandt.
- Vorgestellt wurde die neu auf den Markt gebrachte Foundation von Estée Lauder und Mode-Trends von MyTheresa.
- Für den Newsletter konnte man sich online bei Estée Lauder und bei mytheresa.com registrieren und mit der Registrierung gleichzeitig eine Designerhandtasche gewinnen.

Wie gehen Sie bei der Überprüfung des Marken- und Zielgruppen-Fits vor?

- Keine Analyse
- Partnersuche richtet sich nach der eigenen Zielgruppe.

Häufig wird die Qualität der persönlichen Beziehung als wichtiges Erfolgskriterium gehandelt, entspricht das auch Ihren Erfahrungen?

- Ja, das ist definitiv so, da alles viel leichter und effektiver funktioniert
- Man muss aber auch an der persönlichen Beziehung arbeiten, damit sie überhaupt entsteht und dann auch weiterhin gut läuft.

Wie wird die Zusammenarbeit organisatorisch gestaltet?

- Newsletter wurde von Estée Lauder gestaltet (Agentur machte die Umsetzung).

Wie häufig findet im Kooperationsverlauf ein Austausch oder Treffen der Partnerteams /Kooperationsverantwortlichen statt? Finden daraufhin Anpassungen oder Veränderungen statt?

- Persönliche Meetings
- Email/Telefon.

Führen Sie während der Durchführung der Kooperation eine Erfolgskontrolle durch?

Welche Kennzahlen werden untersucht? Wie sieht die Erfolgskontrolle danach aus?

- Umsatzsteigerungen können nicht gemessen werden, da Käufe nach Newsletter nicht erfasst werden und nicht zum Kunden zugeordnet werden können
- Erfolg wurde hier dennoch über den starken Registrierungsanstieg (>1000) nach Ankündigung des Gewinnspiels erkannt.

Können Sie auch sog. „Soft-Factors" wie Imageeffekte auf den Kunden messen?

- Nein.

Wie bewerten Sie die Vorteile dieser Kooperation aus der Kundenperspektive?

- Haben die Chance kostenlos eine Designerhandtasche zu erhalten
- Fühlen Sich besonders, dass sie Teil einer Community von Luxusmarkenanhängern sind.

Haben Sie schon einmal eine Markenkooperation abgebrochen?

- Nicht nach Durchführung der Kooperation

„Markenkooperationen sind im Kommen, da immer mehr Firmen erkennen, dass sich dadurch Synergie-Effekte nutzen lassen, sie Kunden erreichen, die sie alleine nicht erreicht hätten und sich vor allem Kostenersparnisse ergeben."

Was sind aus Ihrer Sicht die Erfolgsfaktoren von kurzfristigen und langfristigen Markenkooperationen?

- Aussuchen des Kooperationspartners mit der richtigen Zielgruppe

- Gemeinsames Erarbeiten der Projektziele.

Woran erkennen Sie letztendlich den Erfolg?

- Die letztendliche Kaufabsicht des Kunden kann bisher keiner konkreten Maßnahme zugeordnet werden
- Hoher Registrierungsanstieg nach Aussenden des Newsletters.

Welche Aspekte müssen zwischen den Kooperationspartnern im Vorfeld auf jeden Fall geklärt werden?

- Zeitraum der Planung und der Durchführung
- Ziele beider Partner/gemeinsame Ziele
- Aufgabengebiete/Wer bringt Was in die Kooperation ein
- Ansprechpartner/Vertretung
- Verteilung von Kosten und Umsatz.

Was sind aus Ihrer Sicht die kritischen Faktoren, die eine Kooperation zum Scheitern veranlassen könnten?

- Wenn Offenheit und Ehrlichkeit nicht gegeben sind
- Wenn sich keine gemeinsamen Ziele festmachen lassen.

Firma:	Richemont Northern Europe GmbH
Interviewpartner:	Henrik Ekdahl
Position:	General Manager Northern Europe
Projekttitel:	Kooperation mit einer Bootsmanufaktur
Termin:	17.12.2008

„Je stärker und höher positioniert die eigene Marke ist, umso weniger Bedarf an Kooperationen besteht. Man muss sich auf jeden Fall fragen was markenschädigend sein könnte, da sich meistens die eine Marke an der anderen hochzieht.“

Welche Ziele verfolgen Sie mit Markenkooperationen?

- Weitere Stärkung der eigenen Marke
- Erschließung neuer Zielgruppen
- Umsatzsteigerung.

Welchen Stellenwert nehmen Markenkooperationen in der Marketingstrategie Ihres Unternehmens ein?

- Wird auf oberster Ebene gehandelt
- Ist eine hoch angesiedelte Nische, die genutzt wird.

Was zeichnet ein kooperationsfähiges Projektteam aus?

- Muss die eigene Marke gut kennen: Umso besser kann entschieden werden, ob und mit wem Kooperationen in Frage kommen
- Man sollte nicht zu politisch sein
- Von der gemeinsamen Win-Win Situation überzeugt sein
- Kooperationsfähigkeit: Toleranz dafür das andere Firmen anders funktionieren, Standfestigkeit und Mischung zwischen Beharren auf eigenen Interessen und nachgeben bei Anderem
- Nicht zu weit vom eigenen Markenkern und der eigenen Strategie abweichen.

In welche Phasen lassen sich Planung und Durchführung der Kooperation aus Ihrer Sicht einteilen?

- Ideephase (kann sehr kurz sein)/Ausgangspunkt
- Interne Absprache mit Kollegen und Abteilungen

- Initiale Kontaktphase mit der anderen Marke (Vorschläge)
- Deren Interne Besprechungsphase
- Treffen um gemeinsame Zielsetzung und Möglichkeiten zu entwerfen (Konstrukt)
- Abstimmungen: Entwerfen der Designs
- Kurz vor dem Launch : Abstimmungen mit dem Partner

  → Event/Launch
- Wrap-Up Phase : Bei Erfolgen evtl. jahrelange weitere Zusammenarbeit
- Dauer der Planungsphase für die limitierte Uhr im Design des Partners:

  Start 1-2 Jahre vor Lancierung, Juni 2008 Vorstellung der Uhr im Design des Partners

„Ich glaube man sollte sich vor One-Shots hüten, wenn man eine starke Marke hat, zum einen weil man sehr viel Zeit investiert in diese Zusammenarbeit und die nur einmal zu nutzen ist eigentlich kontraproduktiv und Hau-Ruck Aktionen passt nicht in die Luxusbranche. Eine gewisse Kontinuität zu haben ist wichtig und man sucht eigentlich nach langfristigen Partnern auch wenn die Marken immer als separate Marken wahrnehmbar sein sollten."

Welche weiteren Markenkooperationsprojekte (kurz-, und langfristige) Ihres Unternehmens kennen Sie? (kurze Schilderung inkl. der Ziele und bisheriger Erfolge dieser Kooperationen falls bekannt)

Laureus (http://www.laureus.com/about): Ist eine Gemeinschaftsplattform von Mercedes Benz, Vodafone und IWC.

- Zwei Stützpfeiler, eins der größten Projekte, welches IWC unterstützt: Kürung des Sportler des Jahres und Unterstützung von weltweit 60-80 Projekten, um dem Sport eine bessere Zukunft zu geben (z.B. Aidsaufklärung , Hilfe für Straßenkinder).

  Gegründet von Daimler und Richemont: Jede Firma sendet eine Marke, von Daimler kommt Mercedes und von Richemont seit einigen Jahren IWC.
- **AMG Kooperation**, Uhren die Designmerkmale der Autos aufgreifen z.B. gab es 2008 eine limitierte Edition zu dem Mercedes SL Modell (100 Exemplare), mit speziellem Ziffernblatt, die mit dem Fahrzeug ausgeliefert wurden.

Formen von Markenkooperationen:

- Co-Branding mit Bootsbauer und Mercedes → Limitierte Auflage einer speziellen IWC –Bootmarke/SL Uhr
- Co-Promotion Events mit Bootsbauer im Hamburger Hafen (Juni 2008).

Wie haben Sie Ihren Kooperationspartner gefunden (Suchfelder)?

- Persönliche Kontakte.

Wie ist das Kooperationskonzept entstanden und was sind die zentralen Punkte der Zusammenarbeit?

- **Kooperation mit Bootsmarke**

  IWC entwarf eine Taucheruhr, welche Designelemente des Partners aufgreift, die sog. *–anonymisert- Edition*:

    - Mahagoniholz am Rücken
    - Vorne Schriftzug,
    - Dunkelbraune Ziffernblattfarbe,
    - -anonymisiert-
    - Limited Edition

- Co-Promotion Event in Hamburg im Juni 2008: Fahren von Booten des Partners, Kunden von IWC und Bootsmarke wurden eingeladen sowie namhafte Personen, welche zu potentiellen Kunden gehören.

Wie gehen Sie bei der Überprüfung des Marken- und Zielgruppen-Fits vor?

- Auf Events, über persönliche Kontakte oder Empfehlungen
- Publikationen, Kataloge, Werbeauftritte und Produkte werden genauer angesehen
- Auf Messen und Events treten „Markenbotschafter“ auf (Celebrities wie Kevin Spacey oder Kate Blanchett), die auf andere Marken zugehen können
- „ Got-Feeling“ für den Partner.

Häufig wird die Qualität der persönlichen Beziehung als wichtiges Erfolgskriterium gehandelt, entspricht das auch Ihren Erfahrungen?

- Ja, die Arbeit wird dadurch effektiver
- Wenn man sich nicht versteht, wird's sehr schwer.

Wie wird die Zusammenarbeit organisatorisch gestaltet?

- Produkt und Entwicklung durch IWC

- Gemeinsam: Letzte Abstimmungen (Markenpartner haben vertraglich festgelegtes Veto Recht).

Wie häufig findet im Kooperationsverlauf ein Austausch oder Treffen der Partnerteams /Kooperationsverantwortlichen statt? Finden daraufhin Anpassungen oder Veränderungen statt?

- Nutzung aller Medien
- Mehrmals im Jahr geplante Treffen.

Führen Sie während der Durchführung der Kooperation eine Erfolgskontrolle durch?

Welche Kennzahlen werden untersucht? Wie sieht die Erfolgskontrolle danach aus?

- Abverkauf der Uhren
- Menge und Qualität der PR
- Wie viele der geladenen Gäste kamen zur Veranstaltung
- Zufriedenheit der Gäste.

„Problem bei den Events die AMG alleine ausrichtete und IWC nur als Gast auftrat war, dass die Gäste hier nur Autos im Kopf hatten und die Uhren im Hintergrund standen. Bei gemeinsam organisierten Events war IWC im Vordergrund."

<u>Markenfit:</u>

„Durch den hohen Aufwand, der hinter Planung, Design und Produktion sowie den Events steckt und aufgrund dessen, dass nur 300 Uhren hergestellt wurden, konnte nicht viel Umsatz generiert werden."

„Oftmals nutzt man die Kooperationen nicht, um die eigene Marke noch zu stärken, oder den Umsatz zu steigern, sondern um wichtigen Kunden Mehrwert zu bieten, wie z.B. die AMG Winterfahrerlebnisse in Lappland: Durch die räumliche Nähe zum Kunden wird die Bindung zum Unternehmen auf- und ausgebaut."

Können Sie auch sog. „Soft-Factors" wie Imageeffekte auf den Kunden messen?

- Nein.

Wie bewerten Sie die Vorteile dieser Kooperation aus der Kundenperspektive?

- Individuelle Uhr, die nur wenige haben, ein Sammlerstück
- Einzigartiges Erlebnis

- Individuelle Betreuung.

Haben Sie schon einmal eine Markenkooperation abgebrochen?

- International wurde eine Kooperation vertragsgemäß beendet, da die Zusammenarbeit sehr schwer war, es mühsam war, etwas zu bewegen.

<u>Bedeutung von Markenkooperationen</u>:

Die Bedeutung von Markenkooperationen ist gleichbleibend steigend .In der Vergangenheit hat das Thema Markenkooperationen dazu geholfen heute eine der größten Luxusgütermarken zu sein. In Zukunft wird es nicht gebraucht um die eigene Marke zu stärken, sondern lediglich um Kostensynergien zu generieren, eine gewisse Facettierung der Uhr und Marke zu erreichen, die man nur durch eine andere Marke erreicht.“

Was sind aus Ihrer Sicht die Erfolgsfaktoren von kurzfristigen und langfristigen Markenkooperationen?

- Passende Marken/-identität und Markenpositionierung
- Ähnliche Auffassung der eigenen Daseinsberechtigung und der gemeinsamen Ziele
- Firmenphilosophien und interne Philosophien müssen übereinstimmen
- Persönliche Chemie sollte stimmen
- Leute die hinter dem Projekt stehen und etwas bewegen können
- Klare Aufgabenverteilung.

Woran erkennen Sie letztendlich den Erfolg?

- Feedback aus der Presse, von Juwelieren und Endkunden.

Welche Aspekte müssen zwischen den Kooperationspartnern im Vorfeld auf jeden Fall geklärt werden?

- Ausgangspunkt, (Idee) Zielsetzung
- Wie man dahin kommt
- Wie man mögliche Problemgebiete vermeidet oder behandelt
- Wann Abstimmungen nötig sind
- Ressourcen die mit einfließen
- Wann hat wer ein Veto Recht
- Wer kümmert sich um Pressearbeit

- Faire Verteilung des Nutzens.

Was sind aus Ihrer Sicht die kritischen Faktoren, die eine Kooperation zum Scheitern veranlassen könnten?

- Wenn das Notwendige nicht gegeben ist.

Firma:	Bose Automotive GmbH
Interviewpartner:	Lise Lubbersen
Position:	Marketing Specialist
Projekttitel:	Porsche Boxster/Cayman Einführung, Händlerveranstaltung
	Incentive Programm für Porsche Austria
Termin:	19.12.2008

„Bose ist ein Unternehmen in privater Hand. Aus diesem Grund werden nicht alle Daten veröffentlicht. Bose war das erste Unternehmen, das in ausgewählten Fahrzeugen auf den Innenraum maßgeschneiderte und gebrandete Sound-Systeme ab Werk angeboten hat - die sogenannten Pioniere."

Welche Ziele verfolgen Sie mit Markenkooperationen?

- Anbieten und Nutzen von Synergie-Effekten
- Nutzung des Partners als Vertriebskanal, eigenes Produkt wird im Endprodukt markiert (Ingredient Branding)
- Positionierung in den Köpfen des Fahrzeugherstellers, der Händler und der Endkunden
- Imageaufbau und -pflege
- Schaffen von Begeisterung für das Produkt

Welchen Stellenwert nehmen Markenkooperationen in der Marketingstrategie Ihres Unternehmens ein?

- Aufgrund des hohen Entwicklungsaufwands für die Sound-Systeme sind langfristige Markenpartnerschaften gefragt und auch gewissen Absatzwerte nötig um die Entwicklungskosten zu argumentieren/zu decken
- Bei Marken wie Porsche steht nicht nur die Absatzzahl, sondern auch die Markenpartnerschaft stark im Vordergrund

Was zeichnet ein kooperationsfähiges Projektteam aus?

- Sensibilität für den anderen Partner
- Verständnis und Know-how für das eigene und das Produkt des Partners
- Kennen und Verstehen der Qualitätsansprüche des Partners und dessen Kunden.

In welche Phasen lassen sich Planung und Durchführung der Kooperation aus Ihrer Sicht einteilen?

a) **Händlereinführungsveranstaltung**

- Vorbereitungsphase unserer Unterstützung einer konkreten Veranstaltung: Circa vier bis sechs Monate (je nach Fahrzeug und Einführungsart (Neueinführung/Einführung eines Nachfolgermodells))
- In den meisten Fällen handelt es sich um zweiwöchige Veranstaltungen, denen einige Tage Aufbau und Abnahme vorausgehen
- In den meisten Fällen ergibt sich noch eine Nachbereitungsphase von ca. 2-3 Wochen

Welche weiteren Markenkooperationsprojekte (kurz-, und langfristige) Ihres Unternehmens kennen Sie? (kurze Schilderung inkl. der Ziele und bisheriger Erfolge dieser Kooperationen falls bekannt)

b) Weiteres Beispiel: Incentive Programme für Verkäufer z. B. für die Markenleiter und Verkäufer von Porsche (konkretes Beispiel Porsche Austria)

Die Verkäufer erhielten ein Package mit einer Broschüre, einer Demo CD, Informationen zu Technologien der Bose Systemen und der Philosophie der Marke. Programmzeitraum: 3-4 Monate. Die Verkäufer konnten mit jedem Bose Sound-System das sie verkaufen, Punkte sammeln. Wer nach Ablauf des Zeitraums die meisten Punkte hatte, erhielt einen Preis aus dem Bose Home Entertainment Sortiment. Ziel dieser Aktion ist die Steigerung der Einbaurate sowie die Etablierung/Positionierung der Marke im österreichischen Markt bzw. bei den Porsche Markenleitern und Verkäufern in Österreich

Formen von Markenkooperationen:

- Ingredient Branding: Bose Sound-Systeme verbaut in Porsche Fahrzeugen, Visualisierung durch Bose Logo im Fahrzeug
- Co-Promotion als Partner bei Porsche Händlerveranstaltungen

Wie haben Sie Ihren Kooperationspartner gefunden (Suchfelder)?

- Ein Porsche Mitarbeiter berichtete, dass Dr. Wiedeking in einem Meeting vorschlug Bose zu kontaktieren, da er sehr zufrieden mit seinem Bose System zu Hause ist. Im Vorfeld berichtete ein Ingenieur, dass die Performance der damals aktuellen Sound-Systeme nicht mehr mit dem Marktangebot mithalten könne.

Wie ist das Kooperationskonzept entstanden und was sind die zentralen Punkte der Zusammenarbeit?

- Entwicklung von Bose Sound-Systemen für alle Porsche Baureihen
- Partner bei Händlereinführungsveranstaltungen
- Sponsor beim Porsche-Tennis-Grand Prix

Wie gehen Sie bei der Überprüfung des Marken- und Zielgruppen-Fits vor?

- Analysen aktuelle Marktbewegungen im Automobilsektor
- Marktforschung: Wo passen die Imagedimensionen verschiedener Automobilhersteller zu Bose.

Häufig wird die Qualität der persönlichen Beziehung als wichtiges Erfolgskriterium gehandelt, entspricht das auch Ihren Erfahrungen?

- Ja, die Arbeit gestaltet sich dadurch als angenehmer und oftmals wesentlich effektiver
- Auch für die Sicherung der langfristigen Zusammenarbeit ist das ein elementarer Faktor.

Wie wird die Zusammenarbeit organisatorisch gestaltet?

- Bei Veranstaltungen wie einer Einführungsveranstaltung ist Bose für beispielsweise die Beschallung und den eigenen Auftritt verantwortlich. Porsche organisiert als Veranstalter den Hauptteil bzw. den Rahmen der Veranstaltungen
- Bei Incentive Programmen arbeitet Bose direkt mit den jeweiligen Porsche Handelsorganisationen zusammen.

Wie häufig findet im Kooperationsverlauf ein Austausch oder Treffen der Partnerteams /Kooperationsverantwortlichen statt? Finden daraufhin Anpassungen oder Veränderungen statt?

- Solche Treffen finden während beispielsweise den Einführungsveranstaltungen immer wieder statt. Selbstverständlich kann es, wenn nötig, danach zu Anpassungen oder Veränderungen kommen
- Während Incentive Programmen ist das eher nicht der Fall
- Kontakt über alle Medien
- Persönliche Treffen um CRM zu betreiben, Kontakte zu Pflegen
- Im Bereich Engineering finden wöchentliche Konferenzen statt

Führen Sie während der Durchführung der Kooperation eine Erfolgskontrolle durch?

- Ja.

Welche Kennzahlen werden untersucht? Wie sieht die Erfolgskontrolle danach aus?

- Einbauraten (Änderung vor/nach z. B. Incentive Programmen)
- Aufwand im Verhältnis zu Veränderungen im Absatz.

Können Sie auch sog. „Soft-Faktoren“ wie Imageeffekte auf den Kunden messen?

- Nein, aber der Kunde gibt häufig Feed-back über seine Zufriedenheit bei oder nach den Veranstaltungen und Incentive Programmen.

Wie bewerten Sie die Vorteile dieser Kooperation aus der Kundenperspektive?

- Durch die Kooperation haben die Kunden die Möglichkeit, ein Fahrzeug mit Bose Sound-System zu erhalten
- Kunde kann persönlich mit Bose in Verbindung kommen und auch direkt beraten und betreut werden.

Was sind aus Ihrer Sicht die Erfolgsfaktoren von kurzfristigen und langfristigen Markenkooperationen?

- Aufbau von Beziehungen zum Kunden/zu anderen Marken
- Langfristigkeit der Zusammenarbeit
- Vertrauen in der Zusammenarbeit
- Gemeinsame Ziele und Philosophien.

Woran erkennen Sie letztendlich den Erfolg?

- Steigerung der Einbauraten
- Auch in Krisenzeiten weitere Zusammenarbeit
- Gegenseitige Unterstützung und Anregungen.

Welche Aspekte müssen zwischen den Kooperationspartnern im Vorfeld auf jeden Fall geklärt werden?

k. Angaben

Was sind aus Ihrer Sicht die kritischen Faktoren, die eine Kooperation zum Scheitern veranlassen könnten?

- Missbrauch von Vertrauen.

Firma:	Porsche Design Group
Interviewpartner:	Inga Hofmann
Position:	Head of Retail Marketing and Visual Communication
Projekttitel:	Lizenzpartner Adidas , Kollektion Porsche Design Sport
Termin:	20.01.2009

Welche Ziele verfolgen Sie mit Markenkooperationen?

- PLH hat die Kompetenz im Design und arbeitet mit starken Partnern zusammen.
- Gemeinsam werden Produkte produziert und teilweise über die Distributionskanäle des Partners vertrieben.
- Adidas hat im Sportbereich eine starke Kompetenz.
- Die Kollektion Porsche Design Sport hat auch zum Ziel neues Klientel anzusprechen.
- Mit der neuen Sport Linie werden Produkte eines neuen Segments angeboten.

Welchen Stellenwert nehmen Markenkooperationen in der Marketingstrategie Ihres Unternehmens ein?

- Das Kooperationsthemas, bzw. die Lizenzpartnerschaft hat einen sehr hohen Stellenwert, da man die Plattformen der Partner als Produktions- und Distributionsplattform nutzt.
- Erweiterung der Zielgruppen in andere Segmente und Altersklassen.
- Erstellung erstklassiger Luxusprodukte.

Was zeichnet ein kooperationsfähiges Projektteam aus?

- Setzt sich zusammen aus einem Experten für Lizenzkooperationen(Lizenzmanager): Jemand der sich extrem gut mit der Produktgruppe Sport auskennt, Porsche Design nach außen hin vertritt und zentrale Ansprechperson für das Thema ist.
- Darunter entsteht ein komplettes Team:
  - Spezialisten für Marketinglizenzen

- Operative Jobs.

Persönliche Eigenschaften:

- Fachkompetenz z.B. im Sportbereich, Fashionbereich etc.
- „Allrounder", Person muss die Strukturen der anderen Firmen kennen, dort auch Netzwerke aufbauen und den Informationsfluss zwischen den Partnern fördern.

In welche Phasen lassen sich Planung und Durchführung der Kooperation aus Ihrer Sicht einteilen?

„Der Lizenzvertrag ist eine hochkomplizierte rechtliche Grundlage für eine langfristige Zusammenarbeit."

- Partnerauswahl ist tiefgründig:
  A Wer passt zu Porsche Design
  B Vertragsverhandlungen
- Erste Gespräche vor vier bis fünf Jahren, Kollektionen gibt es seit rund zwei bis drei Jahren.
- Je größer das Partnerunternehmen umso wichtiger und komplexer können die Vertragsverhandlungen sein, da häufig auch Distributionsverhandlungen eingeschlossen sind.

Formen von Markenkooperationen:

- Lizenzmarketing und Co-Branding:
  Branding der Porsche Design Sport Produkte mit dem adidas Zeichen, welches der Sport Kollektion ein Sport Know-How und Qualitätssiegel verleiht.
- Co-Promotion Aktionen mit örtlichen Porsche Design Partnern z.B. Fitnessstudien.

Wie ist das Kooperationskonzept entstanden und was sind die zentralen Punkte der Zusammenarbeit?

- Saisonal gibt es eine Kollektion unter dem Markendach Porsche Design Sport.
  - Diese Kollektion wiederum ist in mehrere Themen eingeteilt und wird in Zusammenarbeit mit dem Porsche Design Studio erstellt.
  - Dort erarbeiten Designer von adidas und des Porsche Design Studios die Kollektionen.
  - Produktion und Auslieferung wird in diesem Fall komplett von adidas übernommen.
  - Die Qualität wird von Porsche Design durch ein Q – Gate System überprüft.

- Zweimal im Jahr ordern die Kunden weltweit die Kollektionen nachdem Sie in einem Porsche Design bzw. adidas Show-Room vorgestellt wurden.

- Durch die Kooperation mit adidas wurden wiederum weitere Kooperationspartner in diesem Bereich gefunden.

„Was bei Lizenzpartnern bezüglich der Fit- Faktoren auch wichtig ist, ist das absolute Fachwissen/Know-how der Partner in ihrem Segment."

„ Was wichtig ist, das jeder Partner sein Know-how einbringt und man gegenseitig wächst. Durch das langjährige Zusammenarbeiten stellt man sich aufeinander ein und kann sich gegenseitig befruchten. Die Kollektionen von Porsche Design werden von Saison zu Saison besser."

Wie gehen Sie bei der Überprüfung des Marken- und Zielgruppen-Fits vor?

- Hier arbeitet Porsche Design auch mit Agenturen zusammen.
- **A** Produktgruppenanalyse: Welche Produkte sollen betreut werden?
- **B** Welche Marken kommen daraus für Porsche Design in Frage?

  →Kunden wurden bereits befragt was sie sich unter Produkten von Porsche Design vorstellen und welche Art von Produkte sie sich in Zukunft wünschen.
- Marktstudien
- Unternehmenspräsentationen und interne Analysen der potentiellen Partner.
- Daily Sales Reports und Kommentare der Kunden aus allen Läden werden gesammelt und sind täglich zugänglich.

Häufig wird die Qualität der persönlichen Beziehung als wichtiges Erfolgskriterium gehandelt, entspricht das auch Ihren Erfahrungen?

- Professionelle Arbeitsweise ist das Wichtigste.

  „Je besser man sich versteht umso einfacher läuft die Kommunikation und umso einfacher und meist schneller einigt man sich und schafft ein gleiches Zielverständnis."

Wie wird die Zusammenarbeit organisatorisch gestaltet?

- Bei adidas gibt es auch ein Porsche Design Sport Team.
  - Dies ist wichtig, da diese Einblicke in den adidas Konzern erhalten und dadurch immer up-to-date sind, was neueste Entwicklungen betrifft.
  - Gleichzeitig sind sie aber Porsche Design „gebrandet" und wissen genau, was Porsche Design ausmacht, und welche Qualitätsansprüche es einzuhalten gilt.

Wie häufig findet im Kooperationsverlauf ein Austausch oder Treffen der Partnerteams /Kooperationsverantwortlichen statt? Finden daraufhin Anpassungen oder Veränderungen statt?

- Monatliche persönliche Meetings.
- Der Lizenzmanager hat fast täglichen Kontakt zum Partner.

  „Wir haben gemerkt, dass es bei internationalen Meetings vor allem wichtig ist sich face to face zu treffen und vor Ort zu sein, nicht nur um Kollektionen zu sehen, sondern um die Unternehmensphilosophie zu verstehen und mit den Leuten vor Ort zu sprechen, vor allem bei Produkten die man anfassen muss. Die interkulturellen Grenzen sind oft viel höher als man manchmal denkt, und doch wieder viel einfacher gelöst, wenn man sich wirklich persönlich trifft.“

  „Wir haben die Welt unserer Kunden komplettiert, da sie sich nun auch in funktionalen Porsche Design Sportkollektionen kleiden können. Im Portfolio von adidas gab es bisher keine Engineered Luxury Kollektion für Männer. Diese Lücke füllen wir.“

Führen Sie während der Durchführung der Kooperation eine Erfolgskontrolle durch? Welche Kennzahlen werden untersucht? Wie sieht die Erfolgskontrolle danach aus?

- Q-Gate Systematik/Qualitätskontrolle welche alle Produkte durchlaufen.
- Absatzzahlen, werden ins Detail „getrackt“:
  - Ergebnisse des Einkaufs bzw. Orders der Kollektionen werden im Sechsmonats-Rhythmus eingesehen.
  - Umsatzzahlen werden täglich überprüft
  - Ergebnisse von Sale/Rabattsystemen ebenfalls.

Können Sie auch sog. „Soft-Faktoren“ wie Imageeffekte auf den Kunden messen?

- Image bzw. emotionale Faktoren werden aktuell in einer Kundenstudie abgefragt.

Wie bewerten Sie die Vorteile dieser Kooperation aus der Kundenperspektive?

- Garantie der neusten Entwicklung im Sportbereich durch das adidas Logo auf dem Produkt
- Man kauft sich Qualität und einen Entwicklungsvorsprung.

Haben Sie schon einmal eine Markenkooperation abgebrochen?

- Ja, dadurch das Produktsegmente nicht gut genug gepasst haben.

„Die Bedeutung von Kooperationen wird dieses Jahr noch viel wichtiger und man wird vor allem auf regionale und lokale Partner setzen. Mit dem richtigen Partner hat man auch das Verständnis der Kunden. Wir können unseren Kundenstamm damit erweitern und gerade in

2009 ist das wichtig, da die wenigen Kunden die Luxus kaufen wirklich neue Sachen geboten bekommen müssen und das kann man als kleines Unternehmen selten alleine leisten."

„Events in Stores werden fast immer mit einem Kooperationspartner umgesetzt, da Porsche Design eine kleine Zielgruppe hat.

Es wird weniger Aktionen geben aber dafür richtigere, da man durch die Erfahrungen gelernt hat was gut ankommt."

„Über die aktuellen Partner kommt man zu weiteren, neuen Partnern und es bilden sich Kooperationsnetzwerke. Das muss man speziell in einem Lizenzunternehmen gut koordinieren, da manche Partnerschaften nicht zusammenpassen. Wir würden beispielsweise keine Kooperation mit einem Unternehmen eingehen, welches in Konkurrenz zu unseren Partnern steht."

Was sind aus Ihrer Sicht die Erfolgsfaktoren von kurzfristigen und langfristigen Markenkooperationen?

- Prüfung der Partner für eine langfristige Kooperation.
- Klare Zielvereinbarungen und Abgleich der Zielgruppen.
- Das Vorgeben klarer Prozessstrukturen.
- Konzentration auf die Luxusgüterbranche.

Woran erkennen Sie letztendlich den Erfolg?

- Kundenzufriedenheit und damit Stärkung des Markenimages.
- Umsätze in den Stores.
- Neukundenakquise.

Welche Aspekte müssen zwischen den Kooperationspartnern im Vorfeld auf jeden Fall geklärt werden?

- Gleiches Ziel, z.B. Ansprache designaffiner Männer.
- Klar machen, dass es um die Marke Porsche Design geht.

Was sind aus Ihrer Sicht die kritischen Faktoren, die eine Kooperation zum Scheitern veranlassen könnten?

- Wenn die technische Qualität oder die Arbeitsqualität nicht perfekt sind.
- Wenn die Distribution nicht funktioniert bzw. nicht kontrolliert wird.
- Wenn der Markenauftritt nicht professionell umgesetzt wird.
- Wenn man nicht die gleichen Ziele verfolgt.

„Die Perfektion erreichen Sie nur, wenn Sie nicht nur im Headquarter alles gut organisiert haben, sondern das Team vor Ort die Umsetzung perfekt machen kann, das heißt, dass die

Planung sehr ins Detail geht . Man setzt generell extrem auf lokales Marketing und lokale Anpassungen an andere Märkte. Think global- act local.“

Firma:	RTL 2
Interviewpartner:	Kathrin Schmitz
Position:	Senior Projektmanager Events und Kooperationen
Projekttitel:	Die Kleidungskollektion von The Dome und C&A
Termin:	11.12.2008

Welche Ziele verfolgen Sie mit Markenkooperationen?

- Imageförderung
- Zusätzliche Erlöse
- Erreichen einer großen Menge potentieller Kunden.

Welchen Stellenwert nehmen Markenkooperationen in der Marketingstrategie Ihres Unternehmens ein?

- Sehr wichtiges Thema innerhalb der Markenstrategie
- Ganze Positionen werden mit den Projekten der Kooperationen betraut.
- Mehrere Abteilungen sind in Kooperationsprojekte involviert, da sich die Projekte häufig kross-medial über alle Medien: On Air, Internet, Print ziehen.

Was zeichnet ein kooperationsfähiges Projektteam aus?

- Kreativität: Das Team muss in der Lage sein Ideen zu entwickeln, welche zum Produkt passen und deshalb auch Produkt Know-how mitbringen.
- Mitarbeiter müssen Kooperationen entwickeln, ausbauen und verbessern können, d.h. sie müssen Verbesserungspotentiale finden und umsetzen können.
- Teamfähigkeit und Kommunikationsfähigkeit im eigenen Unternehmen um Projekte zu promoten und zu verteidigen. Auch im Bezug auf das Partnerunternehmen ist dies essentiell, um wichtige Informationen rechtzeitig und eindeutig zu übermitteln.

In welche Phasen lassen sich Planung und Durchführung der Kooperation aus Ihrer Sicht einteilen?

- Angebotserstellung
- Konzeption
- Produktion
- Durchführung
- Abschlussauswertung.

Formen von Markenkooperationen:

- Co-Branding durch Zusammenarbeit mit C&A , Branding der Kollektion durch beide Partner (Anhänger).
- Co-Promotion durch das The Dome-Event mit einer C&A Fashion Show
- Medienkooperation durch Werbespots zur Bewerbung von The Dome und der Kollektion

Wie haben Sie Ihren Kooperationspartner gefunden (Suchfelder)?

- Markenbetreiber kommen auf RTL2 zu
- Über Agenturen: Die C&A Kooperation wurde von M4E (Sales/Merchandising Agentur) vorgeschlagen. Diese Agentur sucht für Kooperationsmodelle Partner in unterschiedlichen Branchen.

Wie ist das Kooperationskonzept entstanden und was sind die zentralen Punkte der Zusammenarbeit?

- Die Agentur m4e. hatte die Idee und hat den Kontakt zu C&A hergestellt. Das Konzept wurde dann von RTL2 in Zusammenarbeit mit C&A erarbeitet.

Wie gehen Sie bei der Überprüfung des Marken- und Zielgruppen-Fits vor?

- Konkrete Analysen für Wunschpartner werden nicht angelegt
- Im persönlichen Gespräch wird abgefragt, ob Zielgruppen und Ziele sowie persönliche Arbeitsweise zusammenpassen.

Häufig wird die Qualität der persönlichen Beziehung als wichtiges Erfolgskriterium gehandelt, entspricht das auch Ihren Erfahrungen?

- Erleichtert die Arbeit wenn Sie professionell ist.
- Manchmal ist man nicht so konkret und direkt und haut nicht auf den Tisch, wenn man denjenigen zu gut kennt.
- Grundsätzlich ist es wichtig einen guten Draht zu haben, da die Arbeit mehr Spaß macht und dadurch die Arbeitseffektivität verbessert wird.

Wie wird die Zusammenarbeit organisatorisch gestaltet?

- Vorschläge zu Kleidungsstücken und Accessoires wurden von C&A entwickelt. Daraufhin erfolgte die gemeinsame Auswahl für die Kollektion.
- Gemeinsame Entwicklung des Logos
- Werbemittel auf denen Kleidung abgebildet war entwarf C&A: POS Branding wie Deckenhänger, Schaufenster Dekoration etc.
- Möglichkeiten der Einbindung von C&A in The Dome war Aufgabe von RTL2: Modenschau, C&A Shop etc.

Wie häufig findet im Kooperationsverlauf ein Austausch oder Treffen der Partnerteams /Kooperationsverantwortlichen statt? Finden daraufhin Anpassungen oder Veränderungen statt?

- Regelmäßige Meetings in Düsseldorf direkt vor The Dome
- Am Ende des ersten Kooperationsjahres gab es Feedbackgespräche und die Zusammenarbeit sowie einzelne Aktionen wurden optimiert.

Führen Sie während der Durchführung der Kooperation eine Erfolgskontrolle durch? Welche Kennzahlen werden untersucht? Wie sieht die Erfolgskontrolle danach aus?

- Abverkaufszahlen der Kollektion
- Scoring, mindestens alle 3 Monate
- Einschalt-/Umschaltquoten bei der Sendung.

Können Sie auch sog. „Soft-Factors" wie Imageeffekte auf den Kunden messen?

- Zu TV Sendungen werden genaue Studien über Image, ausgelöstes Interesse oder Emotionen gemacht. Zur Wirkung der Kooperationsprojekte gibt es aber noch keine Marktstudien.

Wie bewerten Sie die Vorteile dieser Kooperation aus der Kundenperspektive?

- Ist keine reine C&A Kollektion, sondern eine gebrandete The Dome Kollektion.
- Aufwertung des Produktes und Qualitätssiegel
- Star- und Glamour-Faktor.

Haben Sie schon einmal eine Markenkooperation abgebrochen?

- Falls die Ergebnisse nicht so gut ausfielen wie erhofft, wurden die Verträge einfach nicht verlängert.

Was sind aus Ihrer Sicht die Erfolgsfaktoren von kurzfristigen und langfristigen Markenkooperationen?

- Auftritt muss professionell und hochwertig sein (Spot, Anzeigen, Kleidung).

- Für den Konsumenten muss ein Mehrwert entstehen.
- Unter dem Strich muss für alle Partner ein Erlös generiert werden.
- Eine Kooperation die rein imagefördernd ist, muss zumindest kostendeckend verlaufen.

Woran erkennen Sie letztendlich den Erfolg?

- Abverkaufszahlen
- Einschaltquoten
- Userzahlen Online.

Welche Aspekte müssen zwischen den Kooperationspartnern im Vorfeld auf jeden Fall geklärt werden?

- Ziele der Aktion für beide Partner.

Was sind aus Ihrer Sicht die kritischen Faktoren, die eine Kooperation zum Scheitern veranlassen könnten?

- Vorstellungen der Umsetzung oder des Ergebnisses im Verlauf völlig auseinander driften
- Erwartungen anders waren, als sich das Projekt entwickelt
- Wenn Zuschauerresponse schwächer ist, als erwartet, trennt man sich nach Ablauf des Projekts.

Firma:	Pro7
Interviewpartner:	Oliver Kempfer, Stellvertretender Marketingleiter Pro7 Christina Leucht, Produktmanagement Information und Magazine
Titel des Projekts:	Pro7 & Sony HD TV; taff Fitness und taff Fashion
Termin:	17.12.2008

Was sind aus Ihrer Sicht Motive für eine Markenkooperation?

- **C.L.:** Marken nach außen zu transportieren und eine Erlebbarkeit stattfinden zu lassen, nicht nur on-Air sondern auch im Kontakt mit der Zielgruppe z.B. bei Events, am POS, im Fitnessstudio oder Printmagazin.

Welche Ziele verfolgen Sie mit Markenkooperationen?

- On-Air wird die breite Masse abgegriffen, mit Kooperationen sollen gezielt Kontaktpunkte geschaffen werden um die Bindung zum Kunden zu stärken.
- Neue Zielgruppen zu erreichen
- Stärkere Bindung zum Sender zu schaffen.

Welchen Stellenwert nehmen Markenkooperationen in der Marketingstrategie Ihres Unternehmens ein?

- Markenkooperationen sind bereits ein starkes Thema und werden aufgrund der Rahmenbedingungen und kürzerer Budgets auch immer wichtiger

- Die Verwendung des Tools Kooperationen spiegelt sich in der ProSieben Brand Strategie wieder. Z.B. WE LOVE: Bereits bestehende Events werden mit der Marke WE LOVE zusätzlich gebrandet. Die Warsteiner Snow Show als aktuelles Beispiel (http://www.prosieben.de/sport/snow_show/videos/) oder aber „Active Winter/Summer", der „Kite Surf Cup" oder die „Smart Beach Tour".

Was zeichnet ein kooperationsfähiges Projektteam aus?

- **C.L.**: Motivation für das Thema
- Kommunikationsfähigkeit, intern und extern
- Diszipliniert, kreativ, strukturiert, verlässlich
- Teamgedanke.
- **O.K.**: Das Team sollte sich aus Mitgliedern beider Marken zusammensetzen
- Es sollte sich darüber klar werden, wo Imagetransfer stattfinden soll und wie er erreicht wird, was jede Seite für das Projekt einbringt und was jeder vom anderen Partner erwartet.
- Jeder Seite muss klar sein, was gemeinsam erreicht werden soll und das der eigene Weg dafür etwas verlassen werden muss.
- Die kooperationsfähige Person muss fähig sein, sich in andere Markenmodelle ein zu denken.
- Sie muss abstraktionsfähig sein, um gemeinsam etwas Neues zu schaffen
- Sie muss interdisziplinär denken können
- Sie muss vertrauenswürdig sein
- Ehrlichkeit, Offenheit, Präzision, Verlässlichkeit, Kommunikationsfähigkeit und klarer Ausdruck, damit keine Abweichende individuelle Interpretation möglich ist.

In welche Phasen lassen sich Planung und Durchführung der Kooperation aus Ihrer Sicht einteilen?

- **C.L**: Ziel war das Boulevardmagazin taff über die Programmkommunikation hinaus zu unterstützen. Zur Umsetzung wurde eine externe Agentur engagiert.
- Ideenvorschläge der Agentur zu Kampagnendach: taff Fitness (Fitnesscompany/taff Fashion/Hallhuber).
- Daraufhin ging das Grobkonzept in Redaktion und eine gemeinsame Ansprache möglicher Partner erfolgte
- Erste Partnergespräche nach vier Wochen
- Persönliche Meetings nach acht bis zehn Wochen

- Commitment (Übereinkommen) und Start der Kampagne nach sechs Monaten

  Festlegung der Inhalte bis dahin:
  - Aufteilung der Inputs aller Partner
  - Absteckung des Mediaplans
- Brainstorming für weitere Programmentwicklung und erneute Zusammenarbeit vorstellbar.

O.K.: „Die Dauer bis Kooperationsanfragen umgesetzt werden können, ist je nach Branche unterschiedlich. Während ProSieben oft schnell reagieren kann, kann der Handel (Ingredient Branding) wie Tengelmann/McDonalds eventuell gemeinsame Projekte erst im zweiten Halbjahr des kommenden Jahres umsetzen, da die Planungen z.B. bezüglich der Logistik, zu diesem Zeitpunkt bereits vollzogen sind. Der Zeitraum bis zur Idee-Findung ist meistens der Gleiche, die Reaktionszeit und Umsetzung kann aber zeitlich stark variieren."

Welche weiteren Markenkooperationsprojekte (kurz-, und langfristige) Ihres Unternehmens kennen Sie? (kurze Schilderung inkl. der Ziele und bisheriger Erfolge dieser Kooperationen falls bekannt

- Coke Light, kam für taff Fashion auf ProSieben zu und wird ab Mitte März 09 Kooperationspartner.
- Contra CO_2 mit Galileo (Megabrand-Kooperationsmitglied) alle Partner und Aktionen 2007: http://www.prosieben.de/wissen/galileocontra/partner/.

Formen von Markenkooperationen:

- Co-Branding/Advertising: Gemeinsamer Auftritt in TV/Print und Online mit den taff Fashion/Fitness Kooperationspartnern.
- Co-Promotion: Gemeinsame Gewinnspielaktionen
- Medienkooperation: On-Air Spots und die Sendung an sich
- Megabrand-Kooperationsmitglied: Mitglied des Projekts Contra CO_2 von Galileo

Wie haben Sie Ihren Kooperationspartner gefunden (Suchfelder)?

- Je nach Projektumfang unterschiedlich ob Kontakte über eine Agentur, den Vermarkter oder über persönliche Kontakte entstehen.

Wie gehen Sie bei der Überprüfung des Marken- und Zielgruppen-Fits vor?

- Erfahrung
- Informelle Marktanalysen
- Die Marken die für Kooperationen in Frage kommen, sind durch das tägliche

Auseinandersetzen mit Imageanalysen bekannt.

Häufig wird die Qualität der persönlichen Beziehung als wichtiges Erfolgskriterium gehandelt, entspricht das auch Ihren Erfahrungen?

- Ja, wenn professionelle Arbeit gewährleistet ist

Wie ist das Kooperationskonzept entstanden und was sind die zentralen Punkte der Zusammenarbeit?

- **C.L.:** taff Fashion; Eine Programmentwicklung die zum Ziel hat zusätzliche Kontaktpunkte mit der potentiellen Zielgruppe zu schaffen.
- Die taff Redaktion suchte gemeinsam mit ProSieben, Hallhuber und joy, „The Next Fashion Talent": In Designworkshops erstellten Kandidaten ihre eigenen Designs.
- Joy hat den Sendezeitraum von rund drei Monaten als Printmedium begleitet.
- Am Ende der Aktion produzierte Joy eine Fotostrecke mit dem Gewinner in der die Umsetzung der Entwürfe zu sehen war
- Die Kollektion des Gewinners wurde über eine Saison in Hallhuber Filialen verkauft
- **O.K.:** ProSieben/Sony: ProSieben hat sein imageträchtigstes Programm als erster Sender in HD Format im europäischen Free TV ausgestrahlt.
- Sony entwickelte eine komplette Produktpalette die komplett auf HD Formate ausgerichtet war.

Wie wurde die Zusammenarbeit organisatorisch gestaltet?

- ProSieben hat den Inhalt geliefert, Sony die Hardware
- ProSieben hat die Sendezeit und Produktion geliefert, Joy die Printgestaltung und Hallhuber die Materialien, das Fashion Know-how durch Frau Hallhuber in der Jury und die Produktion der Siegerkollektion.

Wie häufig findet im Kooperationsverlauf ein Austausch oder Treffen der Partnerteams /Kooperationsverantwortlichen statt? Finden daraufhin Anpassungen oder Veränderungen statt?

- Intensiver Austausch: Anfangs viele persönliche Treffen, später über Telefon und Email
- Veränderungen finden nach Einigung über die Grundidee nicht statt, aber man macht sich über die Ausweitung der Produktion und Kooperation Gedanken und ob in einer

späteren Auflage mit noch mehr Partnern gearbeitet werden kann und eine Idee noch umfangreicher umgesetzt werden kann.

Führen Sie während der Durchführung der Kooperation eine Erfolgskontrolle durch? Welche Kennzahlen werden untersucht? Wie sieht die Erfolgskontrolle danach aus?

- Humanressourcenaufwand
- Medialer Output.

O.K.: *„Mit ausreichend finanziellen Mitteln erreicht man mit **klassischer Werbung** und relativ geringem Humanressourcen-Aufwand einen viel **höheren Output**, als mit **Kooperationen**, denn hier ist **mehr personeller Einsatz und ein hoher Zeitaufwand** erforderlich.“*

C.L.:“*Der Aufwand-Nutzen Faktor muss relativ gesehen werden, da eine Kooperation immer auf ein **„on-top“ Ergebnis** abzielt und niemals die klassische Mediamittel Werbung ersetzen könnte. Aber die Qualität der Kontakte ist durch die Kooperation eine andere. Da ich als Zuschauer mit fiebere und daraufhin die Hallhuber Filiale mit einer ganz anderen **emotionalen Beeinflussung** betrete, als wenn ich einen klassischen taff oder Hallhuber Spot sehe.“*

Welche Kennzahlen werden untersucht? Wie sieht die Erfolgskontrolle danach aus?

- 1) Qualitative Messung
    - Einschaltquote
    - Abverkaufszahlen von Hallhuber.
- 2) Mediale Abdeckung
    - Höhe der klassischen Medialeistung von Sony auf nicht TV Medien
    - Präsenzstärke im Handel.

Können Sie auch sog. „Soft - Faktoren“ wie Imageeffekte auf den Kunden messen?

- Keine eigene Kundenbefragung, jedoch werden die Mitarbeiter eingebunden um Ideen zu testen, was meistens ein guter Indikator ist.

Wie bewerten Sie die Vorteile dieser Kooperation aus der Kundenperspektive?

- Qualitätssiegel und Kundenvertrauen in das Produkt wird geschaffen
- Marke wird erlebbar
- Bekanntheit der Aktion, man möchte mitreden können.

Haben Sie schon einmal eine Markenkooperation abgebrochen?

- **C.L.:** Ja, im Anfangsstadium der Verhandlungen mit einem Galileo contra CO_2 Partner: Die Marke passte zwar zum Gesamtprojekt, aber deren Einzel-Projekt gehörte nicht zum Kerngeschäft von ProSieben. Deshalb konnten keine gemeinsamen Zielvereinbarungen und Commitments getroffen werden.

- **O.K.:** Das Projekt HD TV sollte noch mit Toshiba durchgeführt werden, konnte aber durch die gravierende Änderung von Rahmenbedingungen nicht verwirklicht werden und musste kurz vor Durchführung abgebrochen werden.

Was sind aus Ihrer Sicht Erfolgsfaktoren von kurzfristigen und langfristigen Markenkooperationen?

- Markenfit
- Gemeinsame Zielsetzung die konsequent umgesetzt wird
- Arbeiten mit verlässlichen Teams
- Commitment über gemeinsame Ziele
- Gleiche Arbeitseffektivität auf beiden Seiten
- Beigesteuerte Leistungen aller Partner müssen sich die Waage halten.

Woran erkennen Sie letztendlich den Erfolg?

- Weitere Kontakte zur potentiellen Zielgruppe über den Handel
- Einschaltquote innerhalb von taff :
    - Einschaltquoten dieser Rubrik
    - Zufriedenheit des Teams (wenn Redakteure z.B. bei den Kooperationspartnern nicht auf Kooperationsbereitschaft stießen, oder diese die redaktionelle Hoheit nicht berücksichtigt haben)
    - Erzielter Imagetransfer
- Generierung von additiven Umsätzen
- Schaffung von additiven Werbeflächen

  →Sony schaltet seine Anzeigen in Special Interest Magazinen für eine hoch affine Zielgruppe: Junge, männliche Konsumenten die gerne fernsehen und sich mit Fernsehtechnologie beschäftigen und auch zur Zielgruppe von ProSieben gehören.

  →So schafft es ProSieben über die Partnermarke mediale Aufmerksamkeit bei wichtigen Zielgruppen zu generieren, da Special Interest Magazine nicht auf dem eigentlichen Print- und Mediaplan enthalten sind.

Welche Aspekte müssen zwischen den Kooperationspartnern im Vorfeld auf jeden Fall geklärt werden?

- Gegenstand der Kooperation
- Gemeinsame Ziele
- Commitment zum Projekt
- Äquivalente Leistungen

- Timings
- Finanzielle Beteiligungen beider Seiten
- Rechtliche Grundlagen wie Markenwerte/Brandings.

Was sind aus Ihrer Sicht die kritischen Faktoren, die eine Kooperation zum Scheitern veranlassen könnten?

- Wenn keine professionelle Arbeitsweise gegeben ist
- Wenn der Markenfit nicht gegeben ist
- Wenn Ziele nicht gemeinsam und klar formuliert sind
- Wenn keine zusätzlichen Kontaktpunkte geschaffen werden können
- Wenn sich die Rahmenbedingungen durch äußere Einflüsse wie z.B. die Wirtschaftskrise oder einen Führungswechsel ändern.

Firma:	LVMH Moët Hennessy Deutschland GmbH
Interviewpartner:	Thomas Baum
Position:	Key Account Manager B2B
Projekttitel:	Membership Rewards - American Express
Termin:	10.12.2008

Was sind aus Ihrer Sicht Motive für eine Markenkooperation?

- Volumensteigerung
- Imageausbau der Produkte
- Networking.

Welche Ziele verfolgen Sie mit Markenkooperationen?

- Positive PR durch Partner
- Erhalten von Empfehlungen
- Aufbau eines Netzwerks ins Luxussegment
- Vernetzung der Unternehmen, welche einen hohen Anspruch an ihre Arbeit und ihre Produkte haben
- Umsatz generieren.

Welchen Stellenwert nehmen Markenkooperationen in der Marketingstrategie Ihres Unternehmens ein?

- Im Gesamtunternehmen ist es ein Randthema, da eine klare Strategie in Gastronomie und Lebensmittelhandel vorgegeben ist und hier Markenkooperationen eher weniger möglich sind, da es kaum adäquate Partner gibt.
- Im B2B Bereich sind Markenkooperationen ein elementares Thema, da der Aufbau von Netzwerken im Luxussegment und der gemeinsame Auftritt mit diesen Marken einen riesen Vorteil darstellt um langfristig die Marke Moët Hennessy als Luxusmarke zu etablieren und das Image weiter zu verbessern.

Was zeichnet ein kooperationsfähiges Projektteam aus?

- Hoher Anspruch an die eigene Arbeit und eine professionelle Arbeitsweise
- Über den Tellerrand hinaussehen und versuchen die Perspektive der anderen Seite zu verstehen
- Nicht nur eigene Ziele sondern ein gemeinsames Ziel verfolgen
- Optimale Arbeitsverteilung: Jeder Partner sollte die Aufgaben übernehmen, die er am professionellsten und effizientesten erledigen kann.
- Die Arbeitslast sollte gleichmäßig auf die Partner verteilt sein.

In welche Phasen lassen sich Planung und Durchführung der Kooperation aus Ihrer Sicht einteilen?

- Der Aufbau der Partnerschaft mit American Express dauerte insgesamt zwei Jahre, da dieses Unternehmen eine sehr selektive Partnerauswahl betreibt.
- Nach einem Jahr Vorlaufzeit starteten die ersten gemeinsamen Mailingaktionen an Kunden.
  „Die Mailings mit AE haben den Vorteil, dass sie sehr Zielgruppengerecht zugeschnitten werden können und die Zielgruppen ohne Streuverluste erreicht werden.“(AE verwendet verschiedenartige Kartensysteme: Grün/Gold/Platin und Centurion)
- Nach zwei Jahren war die Partnerschaft komplett implementiert und wird seit mittlerweile sieben Jahren erfolgreich fortgeführt.

Andere Kooperationsprojekte:

- Co-Promotion Event mit Porsche Deutschland und Sunseeker Germany
- Zielgruppengenaue Kundengruppe, die im exklusiven Ambiente MH Produkte verköstigen konnte.

Formen von Markenkooperationen:

- Co-Branding durch Zusammenarbeit mit American Express, Vorstellung der eigenen Marke (Produkte) auf der Homepage von American Express.
- Co-Advertising mit AE in Fachmagazinen
- Co-Promotion durch hochkarätige Kundenevents.

Wie haben Sie Ihren Kooperationspartner gefunden (Suchfelder)?

- Fast nur über persönliche Kontakte: Zielfirma und Person wird beispielsweise zu einem Event oder Essen eingeladen.

Wie ist das Kooperationskonzept entstanden und was sind die zentralen Punkte der Zusammenarbeit?

- Durchgehende Aktion: Beteiligung von Moët Hennessy an den Membership Awards, welche mit 19 Luxusprodukten von Moët gefüllt sind. Kunden können Ihre gesammelten Punkte bei der American Express Card über das Bestellen verschiedener Produkte abbauen.
- Durch das Angebot von Moët Hennessy sollen die American Express Kunden dazu bewegt werden Ihre Punkte abzurufen und für den Punktewert Moët Hennessy Produkte zu bestellen.
- Mailings sind hochwertige Kartonagen, Geschenke.
- Punktuell finden drei bis vier Mal im Jahr Mailings statt, wobei abwechselnd Adressenstämme bereitgestellt werden.
- Gemeinsame Messeauftritte und Events werden organisiert z.B.
  „Media meets Movie“
- Gemeinsame Anzeigen in Magazinen wie Departure und Centurion
  →entspricht einer Medienkooperation und Co-Advertising
- Die Zusammenarbeit begann vertraglos und wurde seit der Adressnutzung zu einem Exklusivitätsvertrag ausgebaut.

Wie gehen Sie bei der Überprüfung des Marken- und Zielgruppen-Fits vor?

- Mit American Express werden gemeinsame Zielgruppenanalysen erarbeitet:
  Beide Seiten stellen die Daten Ihrer Kundenportfolios zur Verfügung. Betrachtete Größen sind beispielsweise die Einkommensentwicklung. Zu bewerbende Kundengruppen werden ausgewählt und ein individuell auf diese zugeschnittenes Produkt-Mailing erstellt, welches den Kunden via Post erreicht und sehr hochwertig ist.

- Für potentielle weitere Partner wird keine Analyse benötigt, da nur etwa 15 Marken in Frage kommen, welche Herr Baum über einen längeren Zeitraum in den Medien beobachtet.

Häufig wird die Qualität der persönlichen Beziehung als wichtiges Erfolgskriterium gehandelt, entspricht das auch Ihren Erfahrungen?

- Es sollte normalerweise keinen Unterschied machen sobald die Ziele sowie die Zielgruppen übereinstimmen.
- Herr Baum stellt aber fest, dass er sich mit allen Partnern, mit welchen er über einen längeren Zeitraum eng zusammenarbeitet sehr gut versteht.

Wie wird die Zusammenarbeit organisatorisch gestaltet?

- Beide Seiten suchen nach Möglichkeiten die potentiellen Zielgruppen für sich zu gewinnen.
- Adressen werden abwechselnd für Mailings zur Verfügung gestellt
- Herr Baum ist Key Account Manager, akquiriert die B2B Aufträge und steht im Kontakt zu involvierten Abteilungen bei Moët Hennessy, d.h. Marketing für Design der Mailings oder Finanzabteilung für den Kostenplan der Mailings.

Wie häufig findet im Kooperationsverlauf ein Austausch oder Treffen der Partnerteams /Kooperationsverantwortlichen statt? Finden daraufhin Anpassungen oder Veränderungen statt?

- Telefoniert wird ca. einmal pro Woche
- Persönliche Treffen finden einmal im Monat statt.

Führen Sie während der Durchführung der Kooperation eine Erfolgskontrolle durch?

- „Hartes" Controlling während der Durchführung: Entwicklung und Qualität der Umsetzung wird permanent überwacht.
- Risiko wird weniger im Kostenbereich angesiedelt
- Anpassungen sind jedoch nötig, wenn die hohe Qualität der Umsetzung/des Auftritts nicht erreicht wird und die Vereinbarungen nicht für beide Seiten erfüllt werden. Außerdem dann, wenn die Zielgruppen nicht übereinstimmen.

  →Hohe Flexibilität nötig

Beispiele für eine Modifizierung:

Auftritt muss verändert werden:

- Corporate Image: Farben von Veuve Clicquot müssen zum Stand Design passen
- Die Art des Stand Aufbaus muss eine CI-Konformität für Moët Hennessy zulassen.

- Visibilität muss erreicht werden
- Zielgruppe für das Hennessy tasting z.B. ab 35+ → Auch Marken, deren Image und Produktqualität sehr hochwertig ist, können aufgrund ihrer evtl. sehr jungenZielgruppe nicht als Markenpartner in Frage kommen.

Welche Kennzahlen werden untersucht? Wie sieht die Erfolgskontrolle danach aus?

- Gegenüberstellung von Advertising- und Promotion-Budget.
- Ausgangspunkt ist ein mindestens zu erreichender Absatzwert.
- Verglichen wird:
  - Erzielter medialer Wert
  - Monetärer Einsatz
  - Erreichte Anzahl an Personen, welche der potentiellen Zielgruppe angehören
  - Neukundenakquise (generierte Adressen)
  - Generierter Absatz.

Können Sie auch sog. „Soft-Factors“ wie Imageeffekte auf den Kunden messen?

- Nein. Herr Baum ist aber überzeugt davon, dass sich das Markenimage in dem Moment entscheidend aufwertet, in dem der Kunde das Produkt gemeinsam mit einer starken Marke wie Porsche oder Sunseeker erlebt. Die Marken werden ab diesem Moment immer in Zusammenhang gebracht werden.

Wie bewerten Sie die Vorteile dieser Kooperation aus der Kundenperspektive?

- Sie erhalten Produkte die es nicht mehr zu kaufen gibt, alte Jahrgänge, aus der „Schatzkammer“ von Moët Hennessy, oder Produkte die noch nicht auf dem Markt erhältlich sind.
- Sie erhalten Einladungen, in die „Moet-Schlösser“ in Frankreich
- Sie erhalten Produkte günstiger
- Die Kunden sind damit Teil einer ausgewählten Community und fühlen sich wertgeschätzt und besonders.

Haben Sie schon einmal eine Markenkooperation abgebrochen?

- Ja, da auf einem gemeinsamen Messeauftritt durch das CI gerechte Aufstellen der Veuve Clicquot Bar nicht genehmigt wurde und damit eine professionelle Visibilität der Marke nicht sichergestellt werden konnte.

Was sind aus Ihrer Sicht die Erfolgsfaktoren von kurzfristigen und langfristigen Markenkooperationen?

- Die Vergrößerung des Absatzvolumens

- Gleiche Ziele: Image, Neukundengewinnung
  → Langfristig gesehen ist die Volumensteigerung noch wichtiger
- Ziel ist die Etablierung langfristiger Kooperationen da sich das gemeinsame Potential erst mit Erfahrung ausschöpfen lässt und sich die Zusammenarbeit und die Vorteile für den Kunden erst in seinem Bewusstsein verankern müssen.
- Qualität bieten
- Innovative Konzepte entwickeln
- Mutig sein.

Woran erkennen Sie letztendlich den Erfolg?

- Gesteigertes Verkaufsvolumen von MH Produkten
- Kontakte am Event
- Neukundenakquise (B2C, B2B Kunden).

Welche Aspekte müssen zwischen den Kooperationspartnern im Vorfeld auf jeden Fall geklärt werden?

- Art des Auftritts,
- Art der Ansprache,
- Bei Preisen wie dem Sammeln von Punkten/Meilen muss das Preisniveau abgestimmt werden
  → Weder zu teuer noch Dumping Angebote
- Zielgruppe muss genau selektiert werden.

Was sind aus Ihrer Sicht die kritischen Faktoren, die eine Kooperation zum Scheitern veranlassen könnten?

- Wenn der Partner nur auf den eigenen Vorteil/eigene Ziele bedacht ist
- Wenn die Qualität der Ansprache und des Auftritts nicht stimmt
- Wenn Zusagen nicht eingehalten werden.

Firma:	Berenbergbank
Interviewpartner:	Karsten Wehmeier
Position:	Leitung Unternehmenskommunikation
Projekttitel:	Golfturnierserie: „Friendship-Cup“ inkl. Hapag Lloyd Kreuzfahrten, Juwelier WEMPE und Berenbergbank
Termin:	19.12.2008

„Da die Berenbergbank ein inhabergeführtes mittelständisches Unternehmen ist, welches stark von Führungsstil und Organisation geprägt ist, spielt deshalb eine stärkere Rolle, dass der Partner dieselbe Struktur und Rechtsform hat.“

Welche Ziele verfolgen Sie mit Markenkooperationen?

- Cross-Selling
- Neue Potentielle Kunden kennen zu lernen
- Erhöhung der Markenbekanntheit
- Persönlicher Zugang zu den Kunden der Partner
- Zielgruppenerweiterung
- Wissen aus neuen Bereichen erlangen.

Welchen Stellenwert nehmen Markenkooperationen in der Marketingstrategie Ihres Unternehmens ein?

- Das Thema Markenkooperation wurde in den letzten Jahren ausgebaut und wird auch in Zukunft weiter an Wichtigkeit gewinnen.

Was zeichnet ein kooperationsfähiges Projektteam aus?

- Teamfähigkeit, da Kooperation im eigenen Unternehmen beworben und verteidigt werden muss
- Die Kollegen im eigenen Unternehmen müssen mit eingebunden werden.

In welche Phasen lassen sich Planung und Durchführung der Kooperation aus Ihrer Sicht einteilen?

- Vorlaufphase

- Planungsphase (was macht man wie, wer übernimmt welche Aufgaben)
- Am Jahresende findet eine Kontrolle statt. (Kundenverbindungen, direkter Erfolg ist sehr unterschiedlich für jedes Unternehmen, da man eher zum Juwelier geht, als seine Bank wechselt).

Andere Kooperationsprojekte:

/

Formen von Markenkooperationen:

- Co-Branding: Drei Marken branden den gemeinsam initiierten „Friendship Cup".
- An sich ist es aber eine Eventreihe, die eigentlich unter ´Co-Promotion´ anzusiedeln ist.

Wie haben Sie Ihren Kooperationspartner gefunden (Suchfelder)?

- Akquisition über persönlichen Kontakt
- Bauchgefühl
- Oft werden inhabergeführte Unternehmen (wie z.B. auch WEMPE),
  als besonders passend empfunden.

Wie ist das Kooperationskonzept entstanden und was sind die zentralen Punkte der Zusammenarbeit?

- Anstoß/Idee von Hapag Lloyd Kreuzfahrten
- Ziel war möglichst viele neue potentielle Kunden zu generieren: Jede Firma hat zehn eigene Kunden eingeladen, die wiederum haben einen Freund mitgebracht
- Golfturnierserie mit sechs Golfevents: „Friendship Cup"
- Beteiligte Marken :Hapag Lloyd Kreuzfahrten, Juwelier WEMPE und die Berenbergbank.

Wie gehen Sie bei der Überprüfung des Marken- und Zielgruppen - Fits vor?

- Da man sich im Luxussegment befindet, arbeitet man auch nur mit „high-end"- Unternehmen, die auch von der Unternehmensgröße zu einem passen, und die Zielgruppe übereinstimmt.

Häufig wird die Qualität der persönlichen Beziehung als wichtiges Erfolgskriterium gehandelt, entspricht das auch Ihren Erfahrungen?

- Kooperation muss gelebt werden und die involvierten Personen müssen sich aufeinander verlassen können und sich gegenseitig Vertrauen entgegenbringen
- Win-Win Situationen hängen auch vom persönlichen miteinander ab.

- Herr Wehmeier glaubt, dass die Arbeit weniger effektiv wird, wenn man sich nicht versteht.
- **Wie wird die Zusammenarbeit organisatorisch gestaltet?**
- Aus jedem Unternehmen kam ein fester Mitarbeiter ins Organisationsteam
- Für das Golfturnier wurde eine externe Agentur engagiert die sich um die Anmietung der Golfplätze und Golfklubs kümmerte, die vor Ort Vereinbarungen getroffen hat und sich um alles rund um das Turnier herum kümmerte.
- Das Einladungsprozedere und der Adressabgleich war Aufgabe des Teams aus Mitarbeitern der drei Unternehmen.

Wie häufig findet im Kooperationsverlauf ein Austausch oder Treffen der Partnerteams /Kooperationsverantwortlichen statt? Finden daraufhin Anpassungen oder Veränderungen statt?

- Vor den Turnieren finden mehrere Sitzungen statt und am Vortag des Turniers trifft man sich vor Ort für die letzten Besprechungen.
- Kommunikation per Mail und Telefon, persönliche Treffen zur Konzepterstellung die auch Brainstormings enthielten und thematisch geführt waren.

Führen Sie während der Durchführung der Kooperation eine Erfolgskontrolle durch?

- Berater bekommen während den Events durch Einzelgespräche mit Kunden ein gutes Gefühl für den Erfolg des Events.

Welche Kennzahlen werden untersucht? Wie sieht die Erfolgskontrolle danach aus?

- Neukundengewinnung wäre eine mögliche Messgröße.
- Die Gewinnung eines Neukunden ist aber in den seltensten Fällen auf ein bestimmtes Event zurückzuführen, da Gäste der Events nicht sofort, sondern meist erst viel später die Bank wechseln.

Können Sie auch sog. „Soft-Factors“ wie Imageeffekte auf den Kunden messen?

- Nein.

Wie bewerten Sie die Vorteile dieser Kooperation aus der Kundenperspektive?

- Hat mit einem Event Zugang zu drei Unternehmen und kann individuell beraten werden.
- Für Gäste sowie für Mitarbeiter der Firmen, ist diese Eventreihe eine hochwertige Plattform um wertvolle Netzwerke knüpfen.

Haben Sie schon einmal eine Markenkooperation abgebrochen?

- Nein.

Was sind aus Ihrer Sicht die Erfolgsfaktoren von kurzfristigen und langfristigen Markenkooperationen?

- Dass die Unternehmen zusammenpassen bezüglich der Ausrichtung und der Kundenansprache.
- Dass man sich im Vorhinein klar wird, dass jedes Unternehmen andere Interessen verfolgt, und dass diese zueinander passen oder zumindest respektiert werden
- Dass man sich als Team versteht.

Woran erkennen Sie letztendlich den Erfolg?

- Bauchgefühl der Organisatoren und individuelles Kundenfeedback.

Welche Aspekte müssen zwischen den Kooperationspartnern im Vorfeld auf jeden Fall geklärt werden?

- Kostenaufteilung/Gesamtbudget
- Wer übernimmt welche Tätigkeiten
- Wie werden Kunden angesprochen bzw. Wer darf was mit den Kunden machen z.B. stellt sich die Frage ob man Kundendaten einsammelt und danach noch ein Mailing macht.

Was sind aus Ihrer Sicht die kritischen Faktoren, die eine Kooperation zum Scheitern veranlassen könnten?

- Wenn man sich nicht an den Vertrag hält
- Wenn man Kunden anders als vereinbart anspricht
- Wenn sich ein Partner zu sehr in den Vordergrund drängt.
-

„Kritisch ist auf jeden Fall, wenn ein Markenpartner in einer anderen Form an den Kunden herantritt, die Kundenansprache anders verläuft, als es im Vorfeld abgesprochen wurde.“

LITERATURVERZEICHNIS

A

Aaker, J. L.: Dimensionen der Markenpersönlichkeit, in: Esch, F.-R., (Hrsg.), Moderne Markenführung, Wiesbaden 1999, S.91-102.

B

Baumgarth, C.: Methoden zur Markenfitanalyse, in: Planung und Analyse, 05/2000, S.48-52.

Baumgarth, C.: Markenpolitik – Markenwirkungen-Markenführung-Markenforschung, Wiesbaden 2001.

Baumgarth, C. (Habil.): Wirkungen des Co-Branding – Erkenntnisse des Mastertechnikpluralismus, Wiesbaden 2003.

Baumgarth, C.: Co-Branding, in: Bruhn, M. (Hrsg.), Handbuch Markenführung, Bd.1, Wiesbaden 2004.

Baumgarth, C.: Erfolgsfaktorenforschung im Markenbereich – Konzept, Entwicklung und kritische Reflexion, in: der markt, Nr.182, 46. Jahrgang, 3/2007, S.99-114.

Baumgarth, C.: Markenpolitik – Markenwirkungen-Markenführung-Markencontrolling, Wiesbaden 2008.

Berndt, R., et.al.: Internationales Marketing Management, 3.erw./überarb. Auflage, Berlin/Heidelberg 2005.

Blackett, T., Russell, N.: What is Co-Branding?, in: Blackett, T., Boad, B.(Hrsg.), Co-Branding – The Science of Alliance, New York 1999.

Boad, B.: The risks and pitfalls of Co-Branding, in: Blackett, T., Boad, B.(Hrsg.), Co-Branding – The Science of Alliance, New York 1999.

D

Dirscherl, Dr. H.: Der neue "Volks-PC II": Strahlungstest bestanden, online im Internet: URL: http://www.pcwelt.de/start/computer/archiv/27829/der_neue_volks_pc_ii_strahlungstest_bestanden/ [Zugriff am 24.03.2009].

Döring, J., et. al.: Marktorientiertes Wachstum durch Marketingkooperationen; Berlin 2007, online im Internet: URL: http://www.noshokaty-doering-thun.com/en/presse-clippings.php [Zugriff am 12.03.2009].

E

Eberling, F., Robertz, H.: Durch Emotionalität den Kunden erreichen, PriceWaterhouse Coopers 2002, online im Internet: URL:_2002http://www.competencesite.de/crm.nsf/fbfca92242324208c12569e4003b2580/4658647fec97ea49c1256bb80054aa44!OpenDocument[Zugriff am 20.03.2009].

Echterling, J. et. al.: Die Erfassung der Markenstärke und des Markenpotenzials als Grundlage der Markenführung, McKinsey& Company, Arbeitspapier Nr. 2, Hrsg. Klaus Backhaus, Heribert Meffert, Jürgen Meffert, Jesko Perrey, Jürgen Schröder (McKinsey), 2002.

Esch, F.-R. et.al.: Herausforderungen und Aufgaben des Markenmanagements, in: Esch, F.-R. (Hrsg.), Moderne Markenführung, Grundlagen – Innovative Ansätze – Praktische Umsetzungen, 4. Auflage, Wiesbaden 2005.

Esch, F.-R. et.al.: Management von Markenallianzen, in: Esch, F.-R. (Hrsg.), Moderne Markenführung, Grundlagen –

Innovative Ansätze – Praktische Umsetzungen, 4. Auflage, Wiesbaden 2005.

Esch, F.-R., et.al.: Corporate – Brand Management, Marken als Anker Strategischer Führung von Unternehmen, 2. Auflage, Wiesbaden 2006.

Esch, F.-R.: Strategie und Technik der Markenführung, 5.Auflage, München 2008.

Esch, F.-R., Wicke, A.: Herausforderungen und Aufgaben des Markenmanagements, in: Esch, F.-R. (Hrsg.), Moderne Markenführung , 3.Auflage, Wiesbaden 2001a, S.3-55.

F

Fuchs W./Unger, F.: Management der Marketing-Kommunikation, 4. Auflage, Berlin/Heidelberg 2007.

G

Gutknecht, K.: Unternehmensübergreifende Marketing-Kooperationen – Der Weg zum innovativen Added Value, in: Kreutzer, R. T., Merkle, W.: Die neue Macht des Marketing, Wiesbaden 2008, S.185 – 200.

H

Hätty, H.: Der Markentransfer, Heidelberg 1989.

Himmel, W.: Co-Branding – eine neue Strategie der Markenführung? in: Drees, N. (Hrsg.), Kooperation im Marketing, Erfurter Hefte zum angewandten Marketing, Heft 12, Erfurt 2002, S.23-35.

Homburg, C., Krohmer, H.: Die Fliegenpatsche als Instrument des wissenschaftlichten Dialogs, Replik zum Beitrag „Trotz eklatanter Erfolglosigkeit: Die Erfolgsfaktorenforschung weiter auf Erfolgskurs“ von Alexander Nicolai und Alfred Kieser, online im Internet: URL: www.dialog-erfolgsfaktorenforschung.de [Zugriff am 26.12.2008].

Huber, F. (Habil.): Erfolgsfaktoren von Markenallianzen, Analyse aus Sicht des strategischen Markenmanagements, Wiesbaden 2004.

Huber, F., Herrmann, A.: Organisationale Erfolgsfaktoren von Markenallianzen – Eine kausalanalytische Studie auf Basis des Ressourcenansatzes, online im Internet, Forschungsplattform Alexandria, Universtität St. Gallen: URL: http://www.alexandria.unisg.ch/Publikationen/31128 [Zugriff am 1.3. 2009].

Huber, F., Vogel, J.: Co – Branding – Markenstrategie der Zukunft, Eine empirische Studie der Markeneffekte beim Co-Branding, in: Gierl, H., et. al. (Hrsg.), Reihe Marketing, Bd. 34, Köln 2007.

Huber, H.: Markenwert und Extensionspotential, in: Hauser, U., MTP e.V. Alumni (Hrsg.), Erfolgreiches Markenmanagement, Wiesbaden 1997.

Huber, J.-A.(Habil.): Co – Branding als Strategieoption der Markenpolitik, Kaufverhalten bei Co-Brand-Produkten und negative Rückwirkungseffekte auf die Muttermarken, Wiesbaden 2005.

J

Jenewein, W., et. al.: „Drum prüfe, wer sich bindet…“ – Eine empirische Untersuchung zur Wirkung von Markenkooperationen, in: Marketing Review St. Gallen, Fachzeitschrift für Marketing, 03/07, S.35-39.

K

Kieser, A., Nicolai, A.: Trotz eklatanter Erfolglosigkeit: Die Erfolgsfaktorenforschung weiter auf Erfolgskurs,

Erfolgsfaktoren-Managementforschung-Methoden-Praxisrelevanz, online im Internet: URL: http://www.erfolgsfaktorenforschung.de[Zugriff am 26.12.2008].

Kiesow, P.: Co-Branding – Ziele, Chancen und Nutzen von Markenallianzen, Saarbrücken 2006.

Kilian, K.: Markenhersteller als Erlebnisgestalter in: Meyer, Henning (Hrsg.):Markenmanagement 2008/2009-Jahrbuch für Strategie und Praxis der Markenführung, Frankfurt am Main 2008.

Kotler, P., Lane, K.: Marketing Management, 13. Auflage, München 2009, S.307.

Kunze, F. H.: Horizontale Markenkooperationen in der Marketingkommunikation – Grundlagen, Entscheidungsprozesse, Beispiele und Checkliste, in: Drees, N.(Hrsg.), Kooperation im Marketing, Heft 12, Erfurter Hefte zum angewandten Marketing , Erfurt 2002, S.3-22.

L

Lafferty, B. A., et. al.: The Impact of the Alliance on the Partners: A Look at Cause-Brand Alliances, in: Psychology and Marketing, Vol.21, Nr.7, 2004, S.509-531.

M

Mayring, P.: Qualitative Inhaltsanalyse – Grundlagen und Techniken, 10. neu ausgest. Auflage, Weinheim/Basel 2008.

Meffert, H., Bierwirth, A.: Corporate Branding – Führung der Unternehmensmarke im Spannungsfeld unterschiedlicher Zielgruppen, in: Meffert, et.al.(Hrsg.), Markenmanagement, Identitätsorientierte Markenführung und praktische Umsetzung, 2.Auflage, Wiesbaden 2005.

Meffert, H., et.al: Strategische Optionen der Markenführung, in: Meffert, H., et. al. (Hrsg.), Markenmanagement – Grundfragen der identitätsorientierter Markenführung, Wiesbaden 2002.

Meyer, T., Schade, M.: Cross – Marketing – Allianzen, die stark machen, Mit Partnern schneller erfolgreich werden, Göttingen 2007.

O

o. V., Axel Springer AG: Kooperation mit Tchibo zahlt sich für Mobilfunker O_2 aus, online im Internet: URL: http://www.welt.de/print-welt/article683886/Kooperation_mit_Tchibo_zahlt_sich_fuer_Mobilfunker_O2_aus.html [Zugriff am 24.03.2009].

o. V., MA&T Organisations-entwicklung GmbH: Online im Internet: URL: http://www.kooperationswissen.de [Zugriff am 12.03.2009].

P

Park, C.W., et. al.: Composite Branding Alliances – An Investigation of Extension and Feedback Effects, in: Journal of Marketing Research, Vol. 33, 1996, S.453-466.

Palupsi, R., Bohmann, A.: Co-Promotion, in: Marketing-Zeitschrift für Forschung und Praxis, Nr. 4, 1994, S. 257-263.

Priemer, V.: Bundling im Marketing – Potential-Strategien-Käuferverhalten, Frankfurt am Main 2000.

R

Redler, J. (Diss.): Management von Markenallianzen, Eine Analyse unter besonderer Berücksichtigung der Urteilsbildung der

Konsumenten, Berlin 2003.

Rumer, K.: Internationale Kooperationen und Joint Ventures, Wiesbaden 1994.

S

Sattler, H.: Markenpolitik, Stuttgart 2001.

Sattler, H., Völckner, F.: Markenpolitik, Stuttgart 2007.

Scharnowski, F.: Co – Branding als Markenstrategie, Berlin 2006.

Schotthöfer, P.: Recht im Marketing – Grundlagen, Fallbeispiele, Urteile, Wiesbaden 2005.

Schögel, M. (Habil.): Kooperationsfähigkeiten im Marketing – Eine empirische Untersuchung, Wiesbaden 2005.

Shocker, A. D., et. al.: Composite Branding Alliances: An Investigation of Extension and Feedback Effects, in: Journal of Marketing Research, 1996, Vol. 33, Nr.4, S.453-466.

Schröder, H.: Neuere Entwicklungen des Markenschutzes – Markenschutz-Controlling vor dem Hintergrund des Markengesetzes, in: Köhler, R., et.al. (Hrsg.), Erfolgsfaktor Marke – Neue Strategien des Markenmanagements, München 2001.

Spengel, A. (Diss.): Allianzen in der Markenführung, Ansatz zur Planung Kooperativer Markenstrategien, Wiesbaden 2005.

V

Vilmar, A.: Markenkooperationen Kooperationsmarketing, Strategien und Entscheidungshilfen für die Praxis, Bonn 2006.

MARKETING UND KOOPERATIONEN

Herausgegeben von Noshokaty, Döring & Thun, Berlin

Band 1
Angela Hund-Göschel
Music Sponsorship at a Turning Point
Lohmar – Köln 2009 • 84 S. • € 37,- (D) • ISBN 978-3-89936-826-0

Band 2
Nadja Grabenströer
Web 2.0-Potenziale im strategischen Marketing
Lohmar – Köln 2009 • 108 S. • € 38,- (D) • ISBN 978-3-89936-830-7

Band 3
Melanie Bartels
Marketingkooperationen und Sponsoring im Vergleich
Lohmar – Köln 2009 • 104 S. • € 38,- (D) • ISBN 978-3-89936-863-5

Band 4
Susanne Kertelge
Einfluss von Kultur in Marketingkooperationen
Lohmar – Köln 2010 • 76 S. • € 37,- (D) • ISBN 978-3-89936-889-5

Band 5
Nicole Preininger
Markenkooperationen – Erfolgsfaktoren, Implementierung und Management
Lohmar – Köln 2010 • 188 S. • € 48,- (D) • ISBN 978-3-89936-913-7